ABHANDLUNGEN DER DEUTSCHEN AKADEMIE
DER WISSENSCHAFTEN ZU BERLIN

Klasse für Mathematik, Physik und Technik

Jahrgang 1963 Nr. 2

MARTIN JAHN

Über den Einfluß der Wärmedehnung an Innen-Drehbacken-Bremsen

Mit 67 Abbildungen

AKADEMIE-VERLAG · BERLIN

1963

Vorgelegt von Hrn. Jante in der Klassensitzung vom 7. Juni 1962

Zum Druck genehmigt am gleichen Tage, ausgegeben am 20. März 1963

Erschienen im Akademie-Verlag GmbH, Berlin W 8, Leipziger Straße 3—4

Lizenznummer: 202 · 100/513/63
Gesamtherstellung: VEB Druckerei „Thomas Müntzer" Bad Langensalza
Bestellnummer: 2001/63/I/2 · ES 20 L 2 · Preis: DM 13,50

Inhaltsverzeichnis

Einleitung 5

1.1 Literaturauswertung 5
1.2 Vorversuche und Problemstellung 7

Theoretische Untersuchungen 9

2 Geometrische Grundlagen 9
2.1 Geometrische Bedingungen durch Wärmedehnung von Trommel, Backe und Bremsankerplatte 10
2.2 Einflußgrößen bei Wärmedehnung 12
2.3 Geometrische Bedingungen der zugespannten Backe bei Wärmedehnung 16
2.4 Einflußgrößen der zugespannten Backe bei Wärmedehnung 17
2.5 Zusätzlicher Einfluß der Belagausdehnung 19
2.6 Systematik zum Vergleich der Einflüsse durch Wärmedehnung mit denen der Fertigung 21

3 Druckgesetz 23
3.1 Exaktes und näherungsweise bestimmtes Druckgesetz 23
3.2 Nachweis zur berechtigten Benutzung des angenäherten Druckgesetzes 25
3.3 Näherung für den Winkel maximaler Belagpressung und seine Einflußgrößen 26
3.4 Einflußgrößen auf Druckverlauf und wirksame Belagwinkel 28

4 Die Kennung unter dem Einfluß der Wärmedehnung 36
4.1 Ableitung des Verhältnisses Umfangskraft zu Spannkraft unter den Bedingungen der Wärmedehnung und Festlegung des Zusatzgliedes 36
4.2 Übersicht zu den auftretenden Betriebsbereichen 41
4.3 Wege zur Bestimmung des Zusatzgliedes und des Betriebsreibbeiwertes unter dem Einfluß der Wärmedehnung 44
4.4 Die Belagwinkel als Einflußgrößen des Zusatzgliedes 48

Experimentelle Untersuchungen 57

5 Versuchsanordnung und -durchführung 57
5.1 Bremsenprüfstand 57
5.2 Meßstellen und Meßmethoden beim Bremsversuch 61
5.3 Meßmethode zur Ermittlung des Elastizitätsmoduls am Belag 63
5.4 Meßgerät zur Kontrolle des Backenhalbmessers 63

Resultate und Zusammenfassung 66

6.1 Versuchsergebnisse und Diskussion 66
6.2 Nachversuche 72
6.3 Zusammenfassung 76

Literatur 77

Formelzeichen 77

Definitionen 79

Einleitung[1])

1.1 *Literaturauswertung*

Die Berechnungsverfahren für Innenbacken-Reibungsbremsen, die aus der Literatur bekannt sind, beruhen auf einem Ansatz, zu dem folgende Voraussetzungen notwendig sind: [1, 2, 3, 4, 5, 6]

a) Trommel, Backe und Bremsankerplatte sind starr, sie unterliegen keiner mechanischen oder thermischen Verformung.

b) Die Belagstärke ist konstant. Das Belagmaterial folgt dem HOOKEschen Gesetz.

c) Die Radien von Trommel und Belag sind im ungespannten Zustand identisch.

d) Der Reibbeiwert ist an jeder Stelle der Reibfläche gleich groß.

Diese Voraussetzungen sind gerechtfertigt, da die Berechnungsmethoden schon einen erheblichen Zeitaufwand darstellen und ein Vergleich verschiedener Bremsen untereinander auch unter diesen vereinfachenden Bedingungen zulässig ist. Da der Reibbeiwert nur über die Berechnung der Bremse aus dem Versuch ermittelt werden kann und von Natur aus schon gewissen Streuungen unterliegt, kann man Abweichungen in ihnen suchen bzw. unterbringen.

In der Literatur wird darauf hingewiesen, daß der Einfluß der Wärmedehnung ganz erheblich ist. STRIEN [7] stellt fest, daß sich beim Bremsen die Trommel wesentlich schneller erwärmt als die Backen, da die Beläge ein schlechtes Wärmeleitvermögen besitzen. Die Wärmedehnung an der Trommel ist also entsprechend größer. Der Trommelradius wird somit größer als der Belagradius, und es entsteht ein sogenannter „Schulterträger". Dadurch kann die Bremswirkung ungefähr 20% abfallen. Auch am Tragbild ist dieser Zustand erkennbar. Nach starkem Aufheizen der Bremsen durch Talfahrtbetätigung oder gehäufte Stoppbremsungen kann sich die Trommel wesentlich schneller abkühlen, als das den Backen möglich ist, die in bezug auf die Kühlung ungünstig angeordnet sind. Es entstehen dann die sogenannten „Spitzenträger". Bei unbedeutendem Abfall des Reibbeiwertes kann die Bremswirkung bis etwa 40% ansteigen.

Aus diesen Angaben ist schon zu ersehen, daß die Wärmedehnung auf die Trommelbremse einen nicht zu unterschätzenden Einfluß ausübt.

Eine Möglichkeit, diese Auswirkungen abzuschwächen, wird darin gesehen, daß die Backe elastisch gestaltet wird [7].

Auch KOESSLER [2] gibt einen Streubereich von $\pm 10\%$ um den errechneten Wert an. Außerdem wird darauf eingegangen, daß bei vergrößertem Krümmungshalbmesser der Trommel in der Hauptverschieberichtung der Backe mit erhöhtem, hingegen zu den Belagenden hin mit geringerem Druck zu rechnen ist. Es liegt also nicht mehr derselbe Druckverlauf entlang der Backe vor, der sich aus den geometrischen Bedingungen bei den o. a. Voraus-

[1]) Diese Arbeit wurde von der Fakultät für Maschinenwesen der Technischen Universität Dresden als Dissertation des Verfassers angenommen.

setzungen ergibt (Bild 1.11). Rechts im Bild ist dazu der Druckverlauf für den Fall $r_{\text{Trommel}} < r_{\text{Belag}}$ gezeigt. Die Druckverläufe wurden nur schematisch dargestellt. Im rechten Bild besteht die Gefahr der Selbsthemmung.

Daneben beschreibt KOVACZ [8] ebenfalls den Betriebszustand bei thermisch vergrößertem Trommeldurchmesser. Dabei werden zwei Punkte besonders hervorgehoben. Es tritt eine Begrenzung des Belagwinkels ein. Der Kontakt zwischen Trommel und Belag beim Anlegen der Backe beginnt mit einer Linienberührung. Die Wirksamkeit geht bei gleichem Reibbei-

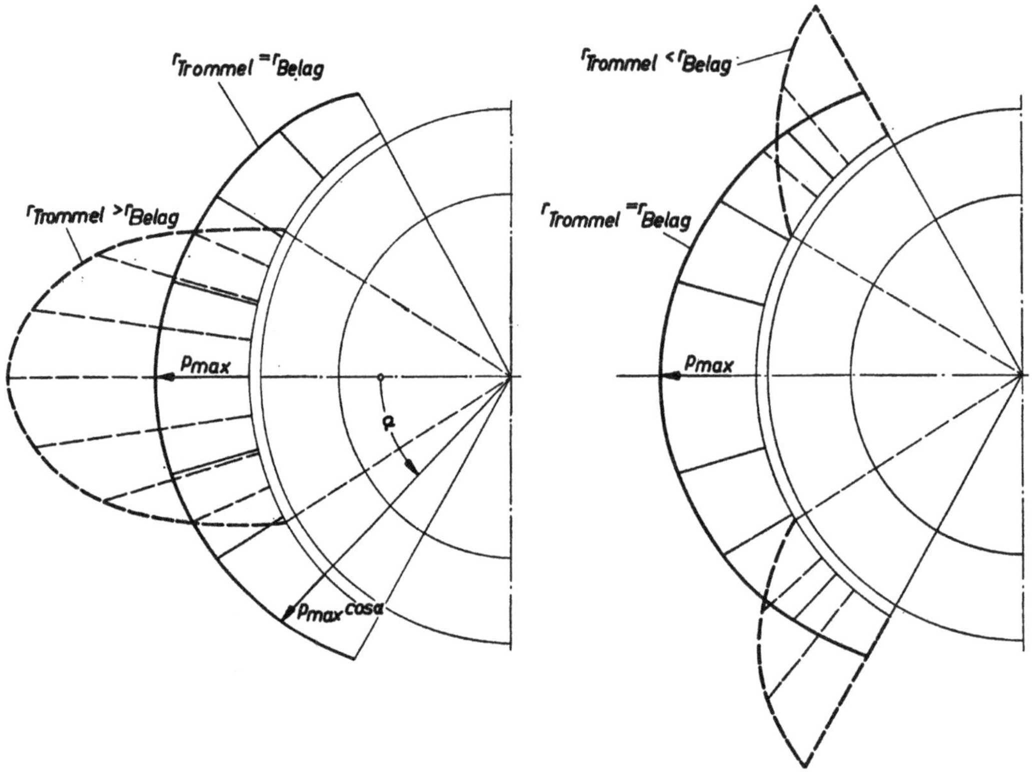

Bild 1.11. Druckverlauf

wert zurück, womit ein Grund zur Fading-Erscheinung vorliegt. Die Wirksamkeit geht um so mehr zurück, je größer die Trommeldehnung ist und je größer die starren Belagböden sind. Zur Beseitigung wird eine besondere Backenart angegeben, die aus gelenkig angebrachten Elementen besteht.

Es wird auch hier zur Berechnung normalerweise von einem sinusförmigen Druckgesetz ausgegangen. Zur Berücksichtigung der Wärmedehnung bei der Berechnung wird bemerkt, daß das dafür notwendige Druckgesetz mit Hilfe verschiedener Hypothesen berechnet werden kann.

ROBINSON [9] bezieht sich auf ACRES [4], der das Verhalten einer Backenbremse mit vergrößertem Trommelradius abschätzt und dabei zu dem schon aufgezeigten Ergebnis kommt. Dabei unterscheidet ACRES noch die beiden Fälle für schwimmende Backe und Drehbacke bei zu kleinem Trommeldurchmesser, da die schwimmende Backe mit beiden Enden, hingegen die Drehbacke oft nur mit dem Ende, das dem Anlenkpunkt gegenüberliegt, zum Tragen kommen wird.

Es ergeben sich also durch die Wärmedehnungen an Trommel und Backe zwei grundsätzlich unterschiedliche Betriebsbedingungen (Bild 1.12):

a) Trommelhalbmesser > Belaghalbmesser
b) Trommelhalbmesser < Belaghalbmesser

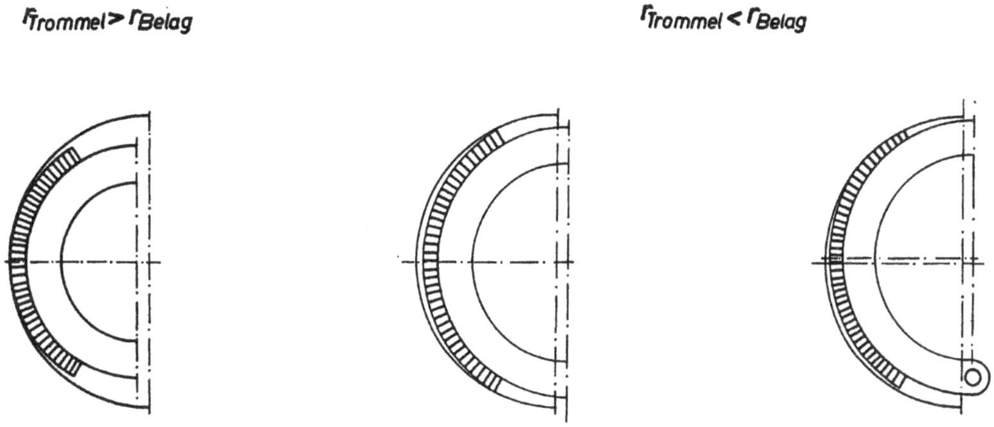

Bild 1.12

Bei Fall a) ist mit abnehmender Bremswirkung zu rechnen, und zwischen schwimmender Backe und Drehbacke besteht kein Unterschied, wenn man die Druckzunahme in der Hauptverschieberichtung betrachtet.

Bei Fall b) ist jedoch zu beachten, daß die schwimmende Backe an beiden Enden anliegt, was bei der Drehbacke nur bedingt möglich ist, da noch der Einfluß der Wärmedehnung an der Bremsankerplatte zu berücksichtigen ist. In diesem Zusammenhang spielen natürlich die Wärmeausdehnungskoeffizienten eine bedeutende Rolle, wobei besonders an unterschiedliche Materialien (Stahl, Aluminium) gedacht wird. Hierzu sei noch eine Ergänzung aus der Patentliteratur angeführt. In eine Aluminiumbacke ist ein Stahlanker eingesetzt, der die Dehnung der Backe beschränken soll (Bild 1.13) [10].

In beiden Fällen a) und b) tritt, da die wirksamen Belagflächen beträchtlich reduziert werden können, eine erhöhte spezifische Flächenpressung auf. Daraus ergibt sich eine höhere örtliche Wärmebeaufschlagung, die sehr leicht zu einem Reibbeiwertabfall führen kann. Dieser Umstand wirkt sich für den Fall a) besonders ungünstig aus, weil dort schon durch die verminderte wirksame Belaglänge mit einem Abfall der Bremswirkung bei gleichem Reibbeiwert zu rechnen ist. Es liegt dann bereits die nächste Stufe für eine Fading-Erscheinung vor.

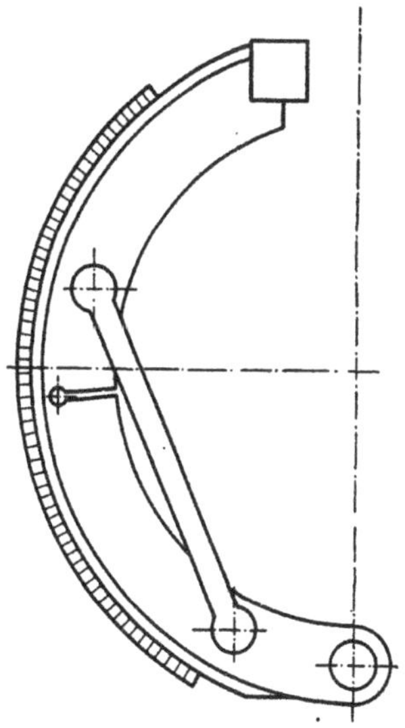

Bild 1.13. Backe mit Anker

1.2 *Vorversuche und Problemstellung*

Um das Verhalten der Drehbacke zu kontrollieren, wurden die Temperaturen an der Backe gemessen (Bild 1.21, 1.22). An den Stellen, an denen der maximale Druck herrscht, wird auch am meisten Wärme in die Backe eingeleitet. Verschiebt sich also das Druckmaximum, so muß sich auch das Temperaturfeld verschieben. Es wurden während einer Dauerbremsung die Temperaturen an einer Stahlbacke (Bild 1.21) und an einer Aluminiumbacke (Bild 1.22) gemessen. Die Trommel wurde dabei durch ein Gebläse gekühlt, um annähernd ein Wärmegleichgewicht zu erreichen.

Im Bild 1.21 ist zu sehen, daß ϑ_3 während des Anstiegs der Trommeltemperatur schneller ansteigt als ϑ_1. Bei annähernder Konstanz der Trommeltemperatur nähern sich beide wieder und werden am Ende gleich groß. ϑ_5 bleibt grundsätzlich zurück. ϑ_{14} ist die Temperatur der Bremsankerplatte und wurde zur Kontrolle mit registriert. Den Temperaturverlauf an der Aluminiumbacke zeigt Bild 1.22. Nach etwa 6 min gleichen sich hier die Temperaturen an den drei Meßstellen aus. ϑ_1 wird hier nicht nur gleich ϑ_3, sondern größer als dieses. Man erkennt an dem Temperaturverlauf qualitativ die Bedingungen, die für die Drehbacke durch die Dehnung von Trommel und Backe entstehen, und die unterschiedlichen Ausdehnungs-

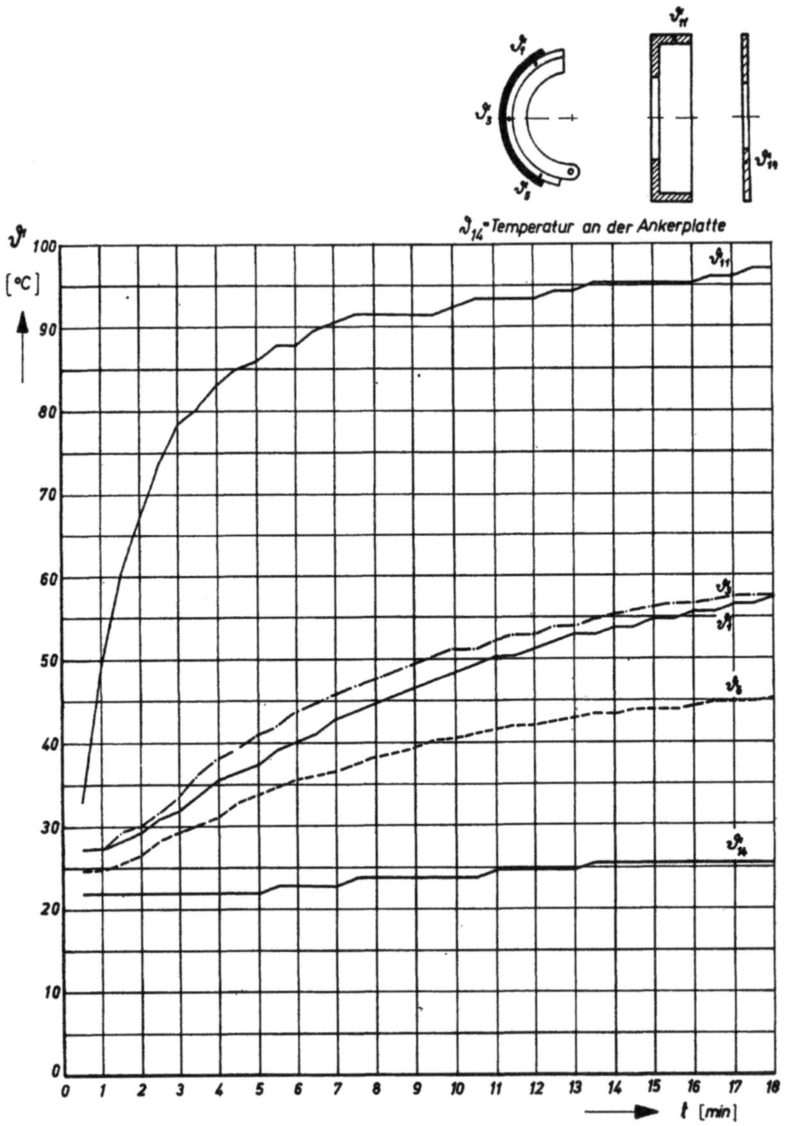

Bild 1.21. Temperaturverlauf an der Stahlbacke

koeffizienten von Stahl und Aluminium, die sich etwa wie 1:2 verhalten, kommen klar zur Geltung.

Aus dieser Übersicht ergibt sich die Problemstellung, den Einfluß der Wärmedehnung rechnerisch zu erfassen, indem die Wärmedehnungen an Trommel, Backe und Bremsankerplatte zu berücksichtigen sind. Dabei soll im Rahmen dieser Arbeit die Drehbackenbremse untersucht werden.

Theoretische Untersuchungen

2 Geometrische Grundlagen

Zur Bestimmung der geometrischen Grundlagen wird vorausgesetzt, daß die Reibfläche der Trommel eine zylindrische Fläche ist und mit zunehmender Temperatur nur ihren Radius

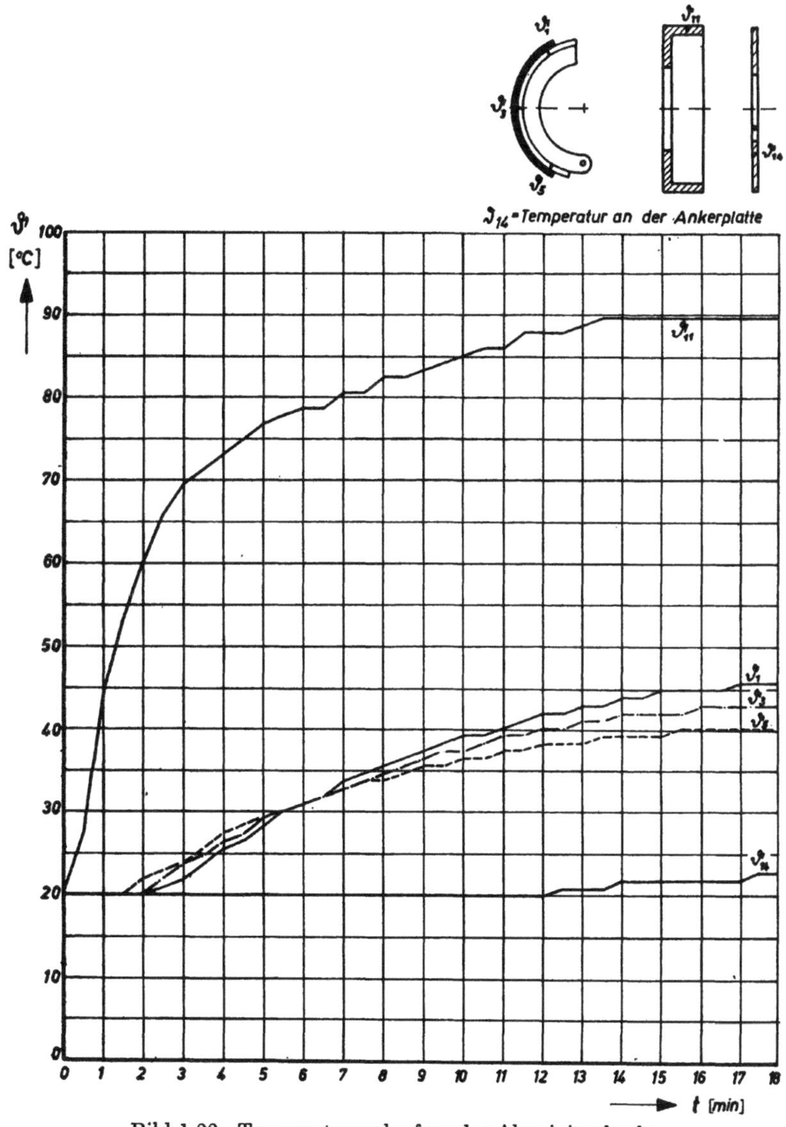

Bild 1.22. Temperaturverlauf an der Aluminiumbacke

vergrößert. Für die Backenfläche gilt das gleiche. Hierbei ist nur für die Drehbacke zu berücksichtigen, daß die Lage ihres Mittelpunktes nicht erhalten bleibt, da sie an einem Ende angelenkt ist.

2.1 *Geometrische Bedingungen durch Wärmedehnung von Trommel, Backe und Bremsankerplatte*

Im Bild 2.11 ist r der Ausgangsradius (Innenradius der Trommel = Außenradius des Belages). r_T und r_B sind die unter der jeweiligen Wärmedehnung vergrößerten Radien an der Trommel bzw. Backe.

Hierbei ist

$$r_T = r + \Delta r_T = r + r\,\alpha_T\,\Delta\vartheta_T\,,$$

$$r_B = r + \Delta r_B = r + r\,\alpha_B\,\Delta\vartheta_B\,.$$

α_T = Wärmeausdehnungskoeffizient der Trommel.
$\Delta\vartheta_T$ = Temperaturdifferenz der Trommel.
α_B = Wärmeausdehnungskoeffizient der Backe.
$\Delta\vartheta_B$ = Temperaturdifferenz der Backe.

Da der Drehpunkt D_1 der Backe vorläufig festliegt, verschiebt sich das Backenzentrum von M nach M' (Bild 2.11). Die Backe kann zur Trommel hin um D_1 mit einem Winkelwert τ_1 gedreht werden, wobei das Backenzentrum M' nach M_1 auf dem Kreisbogen mit r_B wandert. Verbindet man $M\,M_1$, so erhält man auf der Verlängerung den Schnittpunkt mit dem Kreisbogen des Halbmessers r_T und gleichzeitig den Berührungspunkt B_1 der Kreisbögen mit den Halbmessern r_T und r_B.

Denn $B_1\,M = r_T$; $B_1\,M_1 = r_B$ und $M\,M_1 = r_D = r_T - r_B$.

Die Gerade $B_1\,M$ schließt mit der x-Achse den Winkel $-\varepsilon_1$ ein; verschiebt sich infolge der Wärmedehnung an der Bremsankerplatte der Drehpunkt D_1 nach D_2, so muß der Kreisbogen r_B wieder r_D schneiden, wo M_2 entsteht. Verbindet man M_2 mit M und verlängert durch den Kreisbogen mit r_T, so erhält man den neuen Berührungspunkt B_2 von Backe und Trommel. Die Gerade $B_2\,M$ liegt unter $-\varepsilon_2$ zur x-Achse. Man sieht schon hier, daß der Erwärmung der Bremsankerplatte eine gewisse Bedeutung zuzuschreiben ist.

Der Backenkreis hat jetzt die Mittelpunktkoordinaten m_{x2} und $-m_{y2}$, die sich wie folgt berechnen lassen.

Für M_2 ergibt sich

$$r_B^2 = m_{x2}^2 + (r_A - m_{y2})^2\,, \tag{1}$$

$$r_D^2 = m_{x2}^2 + m_{y2}^2\,, \tag{2}$$

$$m_{x2}^2 = r_D^2 - m_{y2}^2$$

in (1) eingesetzt

$$\left.\begin{aligned} r_B^2 &= r_D^2 - m_{y2}^2 + r_A^2 - 2\,r_A\cdot m_{y2} + m_{y2}^2 \\ r_B^2 &= r_D^2 + r_A^2 - 2\,r_A\,m_{y2} \\ m_{y2} &= -\frac{r_B^2 - r_D^2 - r_A^2}{2\,r_A}\,, \end{aligned}\right\} \tag{3}$$

damit wird

$$\left.\begin{aligned} m_{x2}^2 &= r_D^2 - \left(\frac{r_B^2 - r_D^2 - r_A^2}{2\,r_A}\right)^2 = \frac{4\,r_D^2\,r_A^2 - (r_B^2 - r_D^2 - r_A^2)^2}{(2\,r_A)^2} \\ m_{x2} &= \frac{\pm\sqrt{4\,r_D^2\,r_A^2 - (r_B^2 - r_D^2 - r_A^2)^2}}{2\,r_A}\,. \end{aligned}\right\} \tag{4}$$

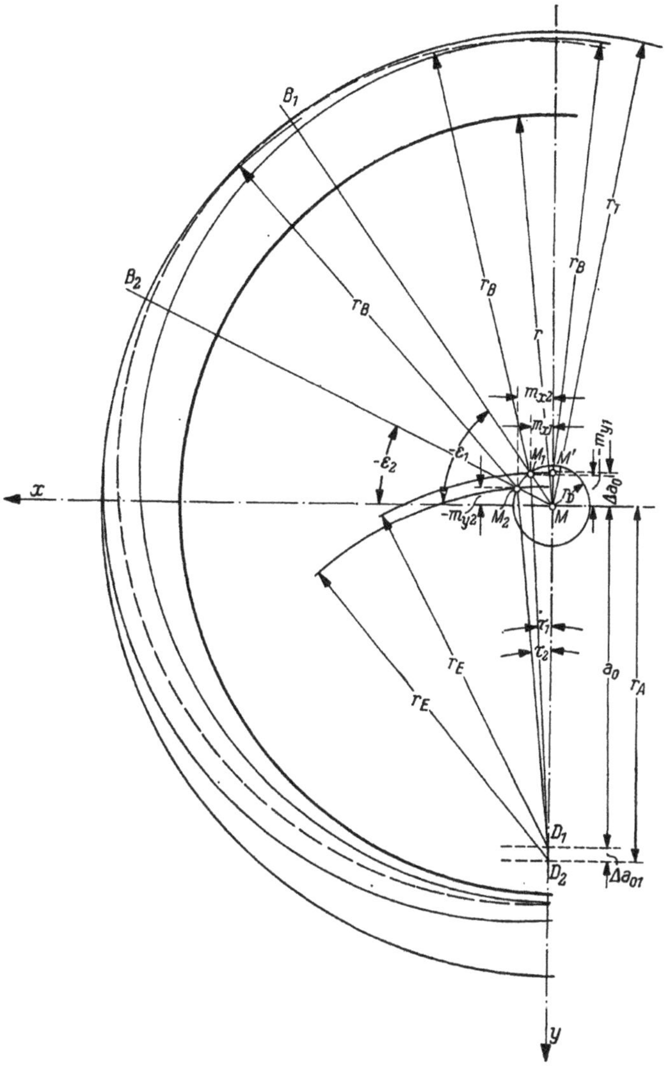

Bild 2.11

m_{x2} kann im brauchbaren Bereich nur positive Werte annehmen, so daß das negative Vorzeichen der Wurzel ohne Bedeutung ist. Jedoch ergibt sich durch den Ausdruck unter der Wurzel die Bedingung für reelle Werte:

$$\left.\begin{aligned} 4\,r_D^2\,r_A^2 - (r_E^2 - r_D^2 - r_A^2)^2 &\geqq 0 \\ 4\,r_D^2\,r_A^2 &\geqq (r_E^2 - r_D^2 - r_A^2)^2 \\ 2\,r_D\,r_A &\geqq r_E^2 - r_D^2 - r_A^2 \\ r_D^2 + 2\,r_D\,r_A + r_A^2 &\geqq r_E^2 \\ (r_D + r_A)^2 &\geqq r_E^2 \\ r_D &\geqq |r_E - r_A| = |r_C|\,. \end{aligned}\right\} \qquad (5)$$

Mit $\quad r_D = \Delta r_T - \Delta r_B$

und $\quad r_E - r_A = \Delta a_0 - \Delta a_{01}, \qquad$ wobei $\quad |r_E| > |r_A|$

ist, wird Gleichung (5)

$$\Delta r_T - \Delta r_B \geqq \Delta a_0 - \Delta a_{01} .$$

Führt man ein für die Backe

$$\Delta a_0 = \frac{a_0}{r} \Delta r_B$$

und für die Ankerplatte

$$\Delta a_{01} = \frac{a_0}{r} \Delta r_A ,$$

wobei $\Delta r_A = r\, \alpha_A\, \Delta \vartheta_A$ ist,

α_A = Wärmeausdehnungskoeffizient der Ankerplatte,
$\Delta \vartheta_A$ = Temperaturdifferenz der Ankerplatte,

dann wird aus Gleichung (5)

$$\left.\begin{aligned} \Delta r_T - \Delta r_B &\geqq \frac{a_0}{r} (\Delta r_B - \Delta r_A) \\ \Delta r_B \left(1 + \frac{a_0}{r}\right) &\leqq \Delta r_T + \frac{a_0}{r} \Delta r_A \\ \frac{\Delta r_B}{\Delta r_T} &\leqq \frac{1 + \frac{a_0}{r} \frac{\Delta r_A}{\Delta r_T}}{1 + \frac{a_0}{r}} . \end{aligned}\right\} \qquad (5\text{a})$$

Ist aber $|r_E| < |r_A|$, dann wird Gleichung (5) zu

$$\left.\begin{aligned} r_D = \Delta r_T - \Delta r_B &\geqq r_A - r_E = \Delta a_{01} - \Delta a_0 \\ 1 - \frac{\Delta r_B}{\Delta r_T} &\geqq \frac{a_0}{r} \frac{\Delta r_A}{\Delta r_T} - \frac{a_0}{r} \frac{\Delta r_B}{\Delta r_T} \\ \frac{\Delta r_B}{\Delta r_T}\left(1 - \frac{a_0}{r}\right) &\leqq 1 - \frac{a_0}{r} \frac{\Delta r_A}{\Delta r_T} \\ \frac{\Delta r_B}{\Delta r_T} &\leqq \frac{1 - \frac{a_0}{r} \frac{\Delta r_A}{\Delta r_T}}{1 - \frac{a_0}{r}} . \end{aligned}\right\} \qquad (5\text{e})$$

2.2 *Einflußgrößen bei Wärmedehnung*

Eine kurze Zwischenbetrachtung führt zu einer vereinfachten Darstellung.

Entwickelt man Gleichung (5a) zu $\frac{\Delta \vartheta_B}{\Delta \vartheta_T} = f\left(\frac{\Delta \vartheta_A}{\Delta \vartheta_T} ; \frac{a_0}{r}\right)$, wobei $\frac{a_0}{r}$ als Parameter anzusehen ist, so ergibt sich eine lineare Abhängigkeit. Die Geraden schneiden sich alle in einem Punkt. Löst man nach $\frac{a_0}{r}$ auf und bildet einen unbestimmten Ausdruck, so kann man die Koordinaten dieses ausgezeichneten Punktes festlegen.

Mit

$$\Delta r_T = r\, \alpha_T\, \Delta \vartheta_T ,$$
$$\Delta r_B = r\, \alpha_B\, \Delta \vartheta_B ,$$
$$\Delta r_A = r\, \alpha_A\, \Delta \vartheta_A$$

wird Gleichung (5a) zu

$$\frac{r\,\alpha_B\,\Delta\vartheta_B}{r\,\alpha_T\,\Delta\vartheta_T}\left(1+\frac{a_0}{r}\right) \leqq 1+\frac{a_0}{r}\,\frac{r\,\alpha_A\,\Delta\vartheta_A}{r\,\alpha_T\,\Delta\vartheta_T}$$

$$\frac{a_0}{r}\left(\frac{\alpha_B\,\Delta\vartheta_B}{\alpha_T\,\Delta\vartheta_T}-\frac{\alpha_A\,\Delta\vartheta_A}{\alpha_T\,\Delta\vartheta_T}\right) \leqq 1-\frac{\alpha_B\,\Delta\vartheta_B}{\alpha_T\,\Delta\vartheta_T}$$

$$\frac{a_0}{r} \leqq \frac{1-\dfrac{\alpha_B\,\Delta\vartheta_B}{\alpha_T\,\Delta\vartheta_T}}{\dfrac{\alpha_B\,\Delta\vartheta_B}{\alpha_T\,\Delta\vartheta_T}-\dfrac{\alpha_A\,\Delta\vartheta_A}{\alpha_T\,\Delta\vartheta_T}} = \frac{\alpha_T\,\Delta\vartheta_T-\alpha_B\,\Delta\vartheta_B}{\alpha_B\,\Delta\vartheta_B-\alpha_A\,\Delta\vartheta_A} = \frac{0}{0}\,;$$

dann wird aus dem Zähler

$$\left.\begin{aligned} \alpha_T\,\Delta\vartheta_T &= \alpha_B\,\Delta\vartheta_B \\ \frac{\Delta\vartheta_B}{\Delta\vartheta_T} &= \frac{\alpha_T}{\alpha_B} \end{aligned}\right\} \tag{5b}$$

und aus dem Nenner

$$\alpha_B\,\Delta\vartheta_B = \alpha_A\,\Delta\vartheta_A\,;$$

aus Gleichung (5b) $\Delta\vartheta_B$ eingesetzt ergibt

$$\left.\begin{aligned} \alpha_B\,\Delta\vartheta_T\frac{\alpha_T}{\alpha_B} &= \alpha_A\,\Delta\vartheta_A \\ \frac{\Delta\vartheta_A}{\Delta\vartheta_T} &= \frac{\alpha_T}{\alpha_A}\,. \end{aligned}\right\} \tag{5c}$$

Damit liegt der Punkt, durch den alle Geraden für verschiedene $\frac{a_0}{r}$-Werte gehen, fest, und aus Gleichung (5a) können für $\frac{\Delta\vartheta_A}{\Delta\vartheta_T} = 0$ die Punkte für jedes $\frac{a_0}{r}$ auf der Abszisse errechnet werden (Bild 2.21).

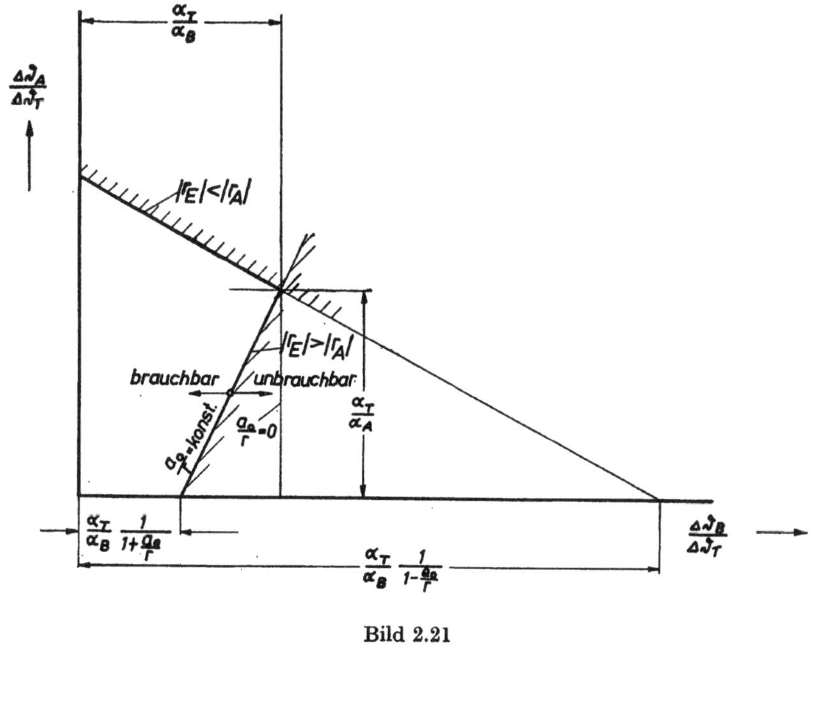

Bild 2.21

Für $$\frac{\Delta\vartheta_A}{\Delta\vartheta_T} = 0 \qquad \text{wird} \qquad \frac{\Delta\vartheta_B}{\Delta\vartheta_T} = \frac{\alpha_T}{\alpha_B}\frac{1}{1+\frac{a_0}{r}}. \tag{5d}$$

Man erhält also die erste Grenzgerade für $|r_E| > |r_A|$. Ist aber $|r_E| < |r_A|$, so ergeben sich aus Gleichung (5e) die folgenden Bedingungen

$$\frac{a_0}{r} \leq \frac{\alpha_T\,\Delta\vartheta_T - \alpha_B\,\Delta\vartheta_B}{\alpha_A\,\Delta\vartheta_A - \alpha_B\,\Delta\vartheta_B} = \frac{0}{0}.$$

Es liegen also die gleichen Koordinaten für den ausgezeichneten Punkt vor, und aus Gleichung (5e) wird mit $\frac{\Delta\vartheta_A}{\Delta\vartheta_T} = 0$

$$\frac{\Delta\vartheta_B}{\Delta\vartheta_T} = \frac{\alpha_T}{\alpha_B}\frac{1}{1-\frac{a_0}{r}}. \tag{5f}$$

Damit liegt auch die Grenzgerade für $|r_E| < |r_A|$ vor (Bild 2.21).

Für einige Beispiele sollen die Wärmeausdehnungskoeffizienten benutzt werden [11]:

$$\alpha_{\text{Gußeisen}} = 9 \cdot 10^{-6} \quad \frac{\text{m}}{\text{m} \cdot \text{grd}},$$

$$\alpha_{\text{Stahl}} = 11 \cdot 10^{-6} \quad \frac{\text{m}}{\text{m} \cdot \text{grd}},$$

$$\alpha_{\text{Aluminium}} = 22 \cdot 10^{-6} \quad \frac{\text{m}}{\text{m} \cdot \text{grd}}.$$

Daraus ergibt sich der Radienzuwachs

$$\Delta r_T = r\,\alpha_T\,\Delta\vartheta_T \qquad \text{(Trommel)},$$

$$\Delta r_B = r\,\alpha_B\,\Delta\vartheta_B \qquad \text{(Backe)},$$

$$\Delta r_A = r\,\alpha_A\,\Delta\vartheta_A \qquad \text{(Ankerplatte)}.$$

Hierbei ist $\Delta\vartheta_i$ die jeweilige Temperaturdifferenz und α_i der jeweilige Wärmeausdehnungskoeffizient.

Damit wird Gleichung (5) für $|r_E| > |r_A|$ zu

$$\left.\begin{aligned} \frac{\alpha_B\,\Delta\vartheta_B}{\alpha_T\,\Delta\vartheta_T} &\leq \frac{1+\frac{a_0}{r}\frac{\alpha_A\,\Delta\vartheta_A}{\alpha_T\,\Delta\vartheta_T}}{1+\frac{a_0}{r}} \\ \frac{\Delta\vartheta_B}{\Delta\vartheta_T} &\leq \frac{\alpha_T}{\alpha_B}\frac{1+\frac{a_0}{r}\frac{\alpha_A\,\Delta\vartheta_A}{\alpha_T\,\Delta\vartheta_T}}{1+\frac{a_0}{r}} \end{aligned}\right\} \tag{5a}$$

und für $|r_E| < |r_A|$ zu

$$\frac{\Delta\vartheta_B}{\Delta\vartheta_T} \leq \frac{\alpha_T}{\alpha_B}\frac{1-\frac{a_0}{r}\frac{\alpha_A\,\Delta\vartheta_A}{\alpha_T\,\Delta\vartheta_T}}{1-\frac{a_0}{r}}. \tag{5e}$$

Zu dem gleichen Ergebnis führt die Betrachtung

$$r_D \geqq |r_E - r_A| = |r_C|$$

$$\pm 1 \gtrless \frac{r_E - r_A}{r_D} \approx -\sin\varepsilon_2.$$

Man erkennt hieraus sofort, daß die theoretische Grenze für $\varepsilon_2 \lesseqgtr \pm 90°$ in diesem Ansatz vorgegeben ist.

Vorerst sollen aber an Hand der Gleichung (5a; 5e) und Bild 2.22 die grundsätzlichen Einflüsse diskutiert werden.

Hierzu werden einige gebräuchliche Beispiele gewählt.

Beispiel	Trommel	Backe	Bremsankerplatte	$\frac{\alpha_T}{\alpha_B}$	$\frac{\alpha_T}{\alpha_A}$
1		Stahl	Stahl	0,818	0,818
2	Gußeisen	Alu	Stahl	0,409	0,818
3		Alu	Alu	0,409	0,409
4		Stahl	Alu	0,818	0,409

Im Bild 2.21 ist zu erkennen, daß der brauchbare Bereich von der Geraden für $\frac{a_0}{r} = \text{const}$ nach kleineren $\frac{\Delta\vartheta_B}{\Delta\vartheta_T}$-Werten zu suchen ist und daß er mit steigendem $\frac{\Delta\vartheta_A}{\Delta\vartheta_T}$ bis zur zweiten Grenzgeraden erweitert wird. Für den Grenzfall $\frac{a_0}{r} = 0$ liegt Parallelität zur Ordinate vor, was auch aus Gleichung (5a) schon zu erkennen ist. Im Bild 2.22 sind die o. a. Beispiele für

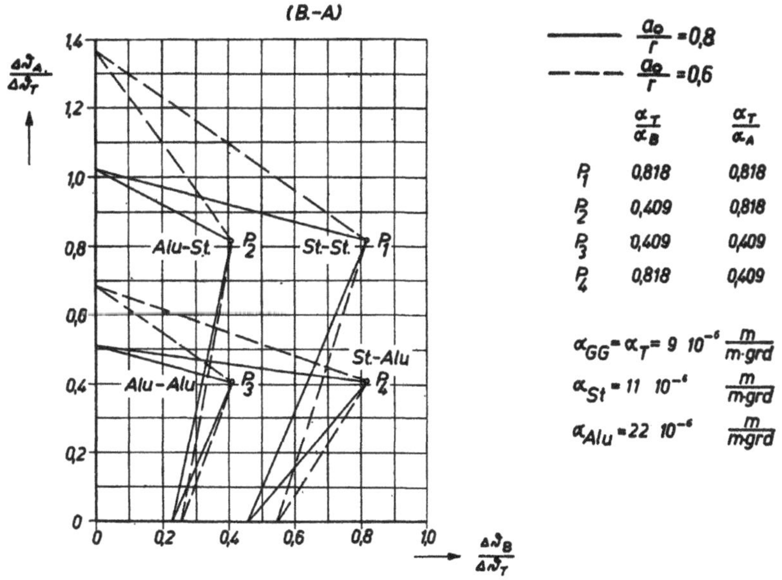

Bild 2.22

$\frac{a_0}{r} = 0{,}6$ und $\frac{a_0}{r} = 0{,}8$ eingetragen. Für ein gegebenes Verhältnis $\frac{a_0}{r}$ würde der brauchbare Arbeitsbereich am größten werden, wenn eine Stahlbacke und eine Aluminium-Bremsankerplatte bei der Drehbackenbremsung Verwendung finden würde. Hingegen bringt die Anordnung Aluminium-Backe und Stahl-Ankerplatte unter diesen Beispielen den geringsten brauchbaren Arbeitsbereich, denn die Grenzgerade für größere Temperaturdifferenzen der Ankerplatte spielt für die praktischen Betriebsbedingungen eine geringere Rolle.

2.3 *Geometrische Bedingungen der zugespannten Backe bei Wärmedehnung*

Analog hierzu ergeben sich die Verhältnisse bei Zuspannung der Backe (Bild 2.31). Hier ist r_D durch $(r_D + m)$ zu ersetzen. Der maximale Druck liegt unter dem Winkel $-\varphi_e$ zur x-Achse. m ist dabei die Zusammendrückung des Belages an der Stelle des maximalen Druckes.

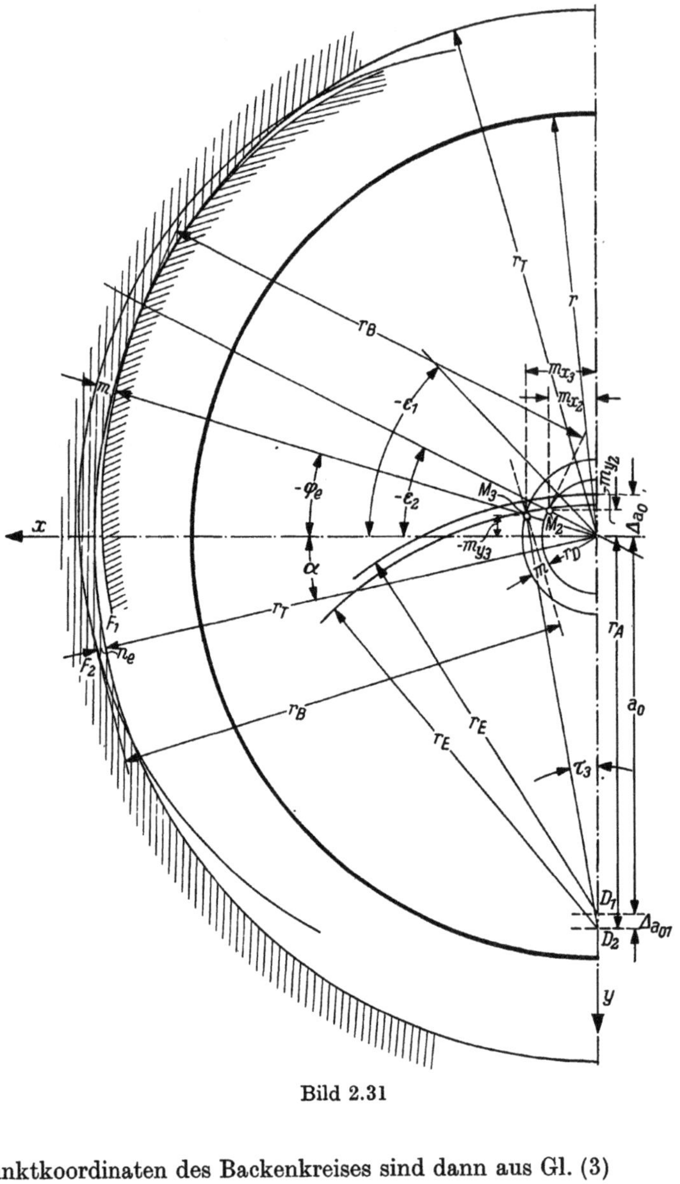

Bild 2.31

Die Mittelpunktkoordinaten des Backenkreises sind dann aus Gl. (3)

$$m_{y3} = -\frac{r_E^2 - r_A^2 - (r_D + m)^2}{2\, r_A}, \tag{6}$$

aus Gl. (4)

$$m_{x3} = \frac{\sqrt{4\, r_A^2\, (r_D + m)^2 - [r_E^2 - r_A^2 - (r_D + m)^2]^2}}{2\, r_A}. \tag{7}$$

Reele Werte für m_{x3} ergeben sich für

$$r_D + m \geqq |r_E - r_A| = |r_C|, \tag{8}$$

setzt man ein $r_D = \Delta r_T - \Delta r_B$ und für $r_E > r_A$

$$r_E - r_A = \Delta a_0 - \Delta a_{01} = \frac{a_0}{r}(\Delta r_B - \Delta r_A)$$

und löst nach $\frac{\Delta r_B}{\Delta r_T}$ auf, so ergibt sich

$$\frac{\Delta r_B}{\Delta r_T} \leqq \frac{1 + \frac{a_0}{r}\frac{\Delta r_A}{\Delta r_T} + \frac{m}{\Delta r_T}}{1 + \frac{a_0}{r}} \tag{8a}$$

und damit wird

$$\frac{\Delta \vartheta_B}{\Delta \vartheta_T} \leqq \frac{\alpha_T}{\alpha_B} \frac{1 + \frac{a_0}{r}\frac{\alpha_A}{\alpha_T}\frac{\Delta \vartheta_A}{\Delta \vartheta_T} + \frac{m}{r}\frac{1}{\alpha_T \Delta \vartheta_T}}{1 + \frac{a_0}{r}}. \tag{8b}$$

Der Einfluß von $\frac{a_0}{r}$ kam bei der vorherigen Betrachtung zum Ausdruck. Deshalb soll er hier nicht nochmals verfolgt werden. Jedoch ist hier zusätzlich der Einfluß von $\frac{m}{r}$ und $\Delta \vartheta_T$ zu untersuchen.

Setzt man die Gültigkeit des Hookeschen Gesetzes für das Belagmaterial voraus, so ergibt sich aus der üblichen Berechnungsart

$$p_{\max} = \frac{E}{s} m. \tag{9}$$

Dabei ist E der Elastizitätsmodul des Belages und s die Belagstärke. Man erhält so

$$\frac{m}{r} = \frac{p_{\max}}{E}\frac{s}{r}. \tag{9a}$$

2.4 *Einflußgrößen der zugespannten Backe bei Wärmedehnung*

Das Verhältnis von Belagstärke zum Reibradius ist sehr unterschiedlich. Um einen Überblick zu bekommen, wurden im Bild 2.41 in der Praxis auftretende Belagabmessungen zusammengestellt [12].

Es ergeben sich die Extremwerte $\left(\frac{s}{r}\right)_{\max} = 0{,}125$ und $\left(\frac{s}{r}\right)_{\min} = 0{,}02335$.

Auch der Elastizitätsmodul weist für verschiedene Beläge einen verhältnismäßig großen Bereich auf. Nach Strien [7] dürfte der minimale Wert etwa bei $E = 2800$ kp/cm² und nach eigenen Messungen der maximale Wert bei $E = 10\,000$ kp/cm² liegen.

Damit man für die Betrachtung extreme Bedingungen erhält, soll $\frac{m}{r}$ maximal und verhältnismäßig klein gewählt werden.

$$\left(\frac{m}{r}\right)_{\max} = \frac{p_{\max}}{(E)_{\min}}\left(\frac{s}{r}\right)_{\max}, \qquad p_{\max} = 15\ \text{kp/cm}^2,$$

$$\left(\frac{s}{r}\right)_{\max} = 0{,}125,$$

$$\left(\frac{m}{r}\right)_{\max} = \frac{15}{2500}\,0{,}125 = 750 \cdot 10^{-6}, \qquad (E)_{\min} = 2500\ \text{kp/cm}^2,$$

$$\left(\frac{m}{r}\right)_{\text{klein}} = \frac{p_{\max\,\text{kl}}}{(E)_{\max}} \left(\frac{s}{r}\right)_{\min}, \qquad p_{\max\,\text{kl}} = 5\ \text{kp/cm}^2,$$

$$\left(\frac{s}{r}\right)_{\min} = 0{,}02335,$$

$$\left(\frac{m}{r}\right)_{\text{klein}} = \frac{5}{10\,000}\, 0{,}02335 = 11{,}7 \cdot 10^{-6}, \qquad (E)_{\max} = 10\,000\ \text{kp/cm}^2.$$

Damit liegen $\frac{m}{r}$-Werte vor, die den in der Praxis vorkommenden Bereich etwas eingrenzen werden. Für die Kombination der Materialien für Backe und Ankerplatte wurden aus Bild 2.22 die Punkte P_2 und P_4 gewählt, um auch in dieser Hinsicht extreme Verhältnisse zu be-

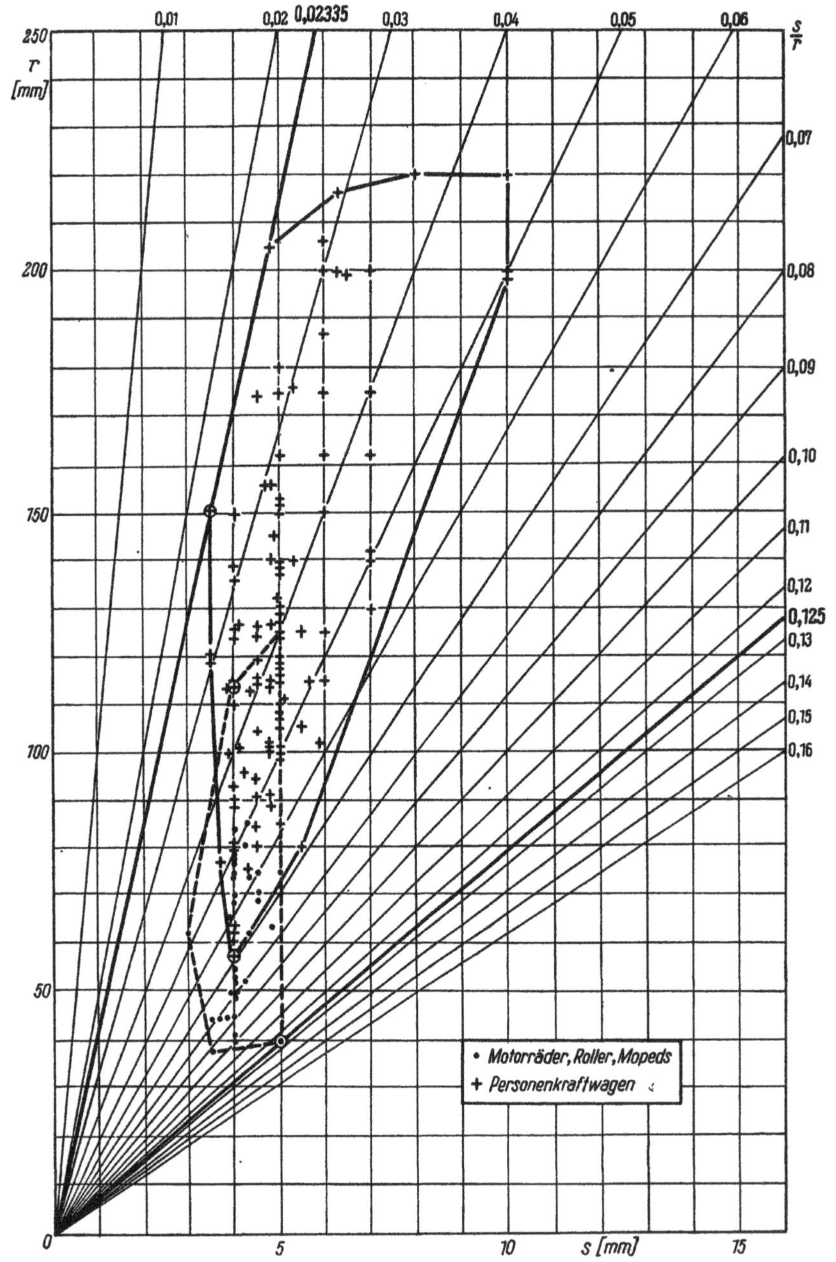

Bild 2.41. Belagradius und -stärke

kommen. Für diese Beispiele wurde $\frac{a_0}{r} = 0{,}8$ konstant angenommen. Das Bild 2.42 zeigt, daß grundsätzlich für kleine Werte von $\Delta\vartheta_T$ der brauchbare Bereich stark erweitert werden kann, jedoch wird dieser Bereich wahrscheinlich schnell überfahren. Eine erhebliche Bereicherweiterung ist mit der Anordnung einer Ankerplatte aus Aluminium zu erreichen, wenn diese

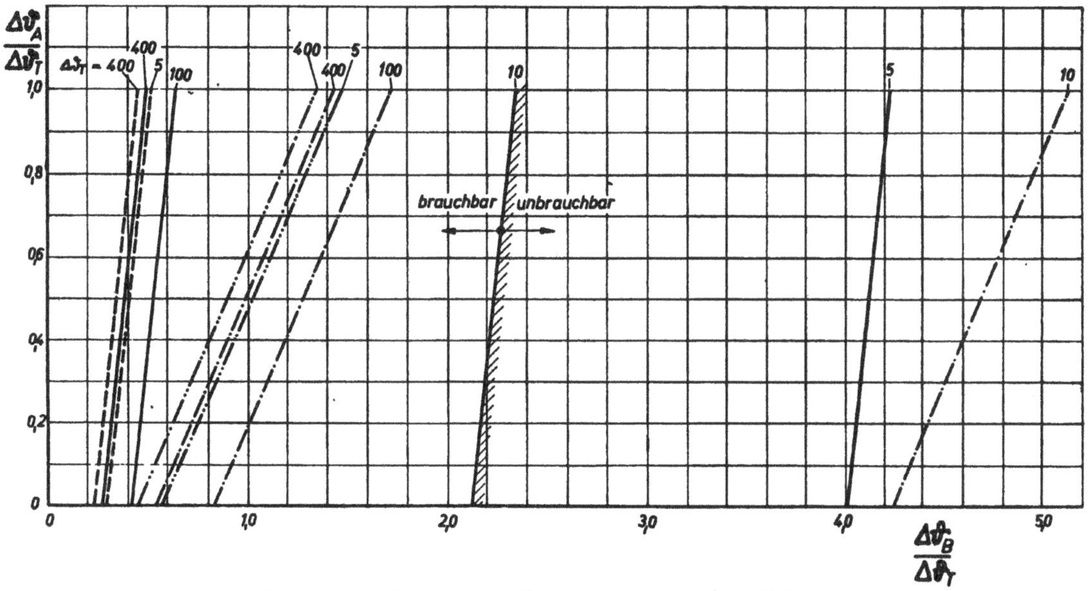

Bild 2.42. Grenzlinien für reelle Werte von m_{x3} nach Gleichung (8b)

$\frac{a_0}{r} = 0{,}8$	Alu-Backe; Stahl-Ankerplatte			Stahl-Backe; Alu-Ankerplatte		
$\alpha_T = 9 \cdot 10^{-6}$	———	$\left(\frac{m}{r}\right)_{max} = 750 \cdot 10^{-6}$	$\alpha_B = 22 \cdot 10^{-6}$	—·—·—	$\left(\frac{m}{r}\right)_{max} = 750 \cdot 10^{-6}$	$\alpha_B = 11 \cdot 10^{-6}$
GG-Trommel	– – –	$\left(\frac{m}{r}\right)_{klein} = 11{,}7 \cdot 10^{-6}$	$\alpha_A = 11 \cdot 10^{-6}$	—··—··—	$\left(\frac{m}{r}\right)_{klein} = 11{,}7 \cdot 10^{-6}$	$\alpha_A = 22 \cdot 10^{-6}$

auch entsprechend aufgeheizt wird. Weiterhin ist für mäßige $\Delta\vartheta_T$-Werte noch eine erhebliche Erweiterung des brauchbaren Bereiches durch maximales $\frac{m}{r}$ möglich. Man sieht hieran, daß dies einen Milderungs-Faktor darstellt, der während des Aufheizvorgangs der gesamten Bremse zum Ausdruck kommen dürfte.

2.5 *Zusätzlicher Einfluß der Belagausdehnung*

Der Halbmesser der Backe r setzt sich zusammen aus

$$r = r_{Be} + s\,, \tag{11}$$

r_{Be} = eigentlicher Backenradius,
s = Belagstärke.

Backe und Belag bestehen aus unterschiedlichen Materialien und haben deshalb auch unterschiedliche Ausdehnungskoeffizienten. Es ist also notwendig, den daraus entstehenden Einfluß zu untersuchen.

Der eigentliche wärmebeaufschlagte Backenradius ergibt sich zu

$$r_{Bi} = r_{Be} + \Delta r_{Be} + s + \Delta s\,, \tag{12}$$

dabei ist

$$\Delta r_{Be} = r_{Be}\,\alpha_B\,\Delta\vartheta_B\,,$$

$$\Delta s = s\,\alpha_s\,\Delta\vartheta_s\,,$$

$$r_{Bi} = r_{Be} + s + r_{Be}\,\alpha_B\,\Delta\vartheta_B + s\,\alpha_s\,\Delta\vartheta_s\,;$$

mit $r_{Be} = r - s$ wird

$$r_{Bi} = r + (r - s)\,\alpha_B\,\Delta\vartheta_B + s\,\alpha_s\,\Delta\vartheta_s$$

$$r_{Bi} = r\left[1 + \alpha_B\,\Delta\vartheta_B + \frac{s}{r}\,(\alpha_s\,\Delta\vartheta_s - \alpha_B\,\Delta\vartheta_B)\right].$$

Die Näherung bei Vernachlässigung des Belagausdehnungskoeffizienten

$$r_B = r + \Delta r_B = r + r\,\alpha_B\,\Delta\vartheta_B = r\,(1 + \alpha_B\,\Delta\vartheta_B)\,.$$

Der prozentuale Fehler

$$\left.\begin{aligned}
f_{r_B} &= 100\,\frac{r\,(1 + \alpha_B\,\Delta\vartheta_B) - r\left[1 + \alpha_B\,\Delta\vartheta_B + \frac{s}{r}\,(\alpha_s\,\Delta\vartheta_s - \alpha_B\,\Delta\vartheta_B)\right]}{r\left[1 + \alpha_B\,\Delta\vartheta_B + \frac{s}{r}\,(\alpha_s\,\Delta\vartheta_s - \alpha_B\,\Delta\vartheta_B)\right]}\,[\%]\\
f_{r_B} &= 100 - \frac{\frac{s}{r}\,(\alpha_s\,\Delta\vartheta_s - \alpha_B\,\Delta\vartheta_B)}{1 + \alpha_B\,\Delta\vartheta_B + \frac{s}{r}\,(\alpha_s\,\Delta\vartheta_s - \alpha_B\,\Delta\vartheta_B)}\,[\%]\\
f_{r_B} &= \frac{100}{\dfrac{1 + \alpha_B\,\Delta\vartheta_B}{\frac{r}{s}\,(\alpha_s\,\Delta\vartheta_s - \alpha_B\,\Delta\vartheta_B)} + 1}\cdot[\%]
\end{aligned}\right\} \tag{13}$$

In Bild 2.51 wurden die prozentualen Fehler für die Stahl-Alu-Backe aufgetragen, die für angegebene Werte gelten. Der Fehler ist grundsätzlich sehr klein, auch wenn ein ungünstiges $\frac{s}{r}$ vorliegt. Leider konnte dieser Bereich nur für einen Wert $\alpha_s = 15{,}9 \cdot 10^{-6}\left[\frac{\mathrm{m}}{\mathrm{m\,grd}}\right]$[1]) dargestellt werden, da in der Literatur keine Ausdehnungskoeffizienten für Bremsbeläge gefunden wurden.

Es besteht jedoch keine Veranlassung, den Fehler in jedem Fall so klein erwarten zu dürfen, da nicht immer die Differenz zwischen den Ausdehnungskoeffizienten von Backen- und Belagmaterial so klein sein muß.

Außerdem steht noch offen, welche Temperaturunterschiede im Belag- und Backenmaterial auftreten. Hier wurde im ungünstigsten Fall eine um 40% höher liegende Differenztemperatur in dem Belag gegenüber der Backe angenommen. Im Versuch aufgetretene Werte sind im Bild 2.51 eingezeichnet. Die praktisch vorkommenden Werte liegen hiernach auch in dem rechnerisch erfaßten Betriebsbereich.

---

[1]) Der für diese Fehlerabschätzung benutzte Wert gilt für den im Versuch benutzten Bremsbelag und wurde in dankenswerter Weise im Institut für Werkstoffkunde der TH Dresden von Herrn Dipl.-Ing. KURZMANN ermittelt.

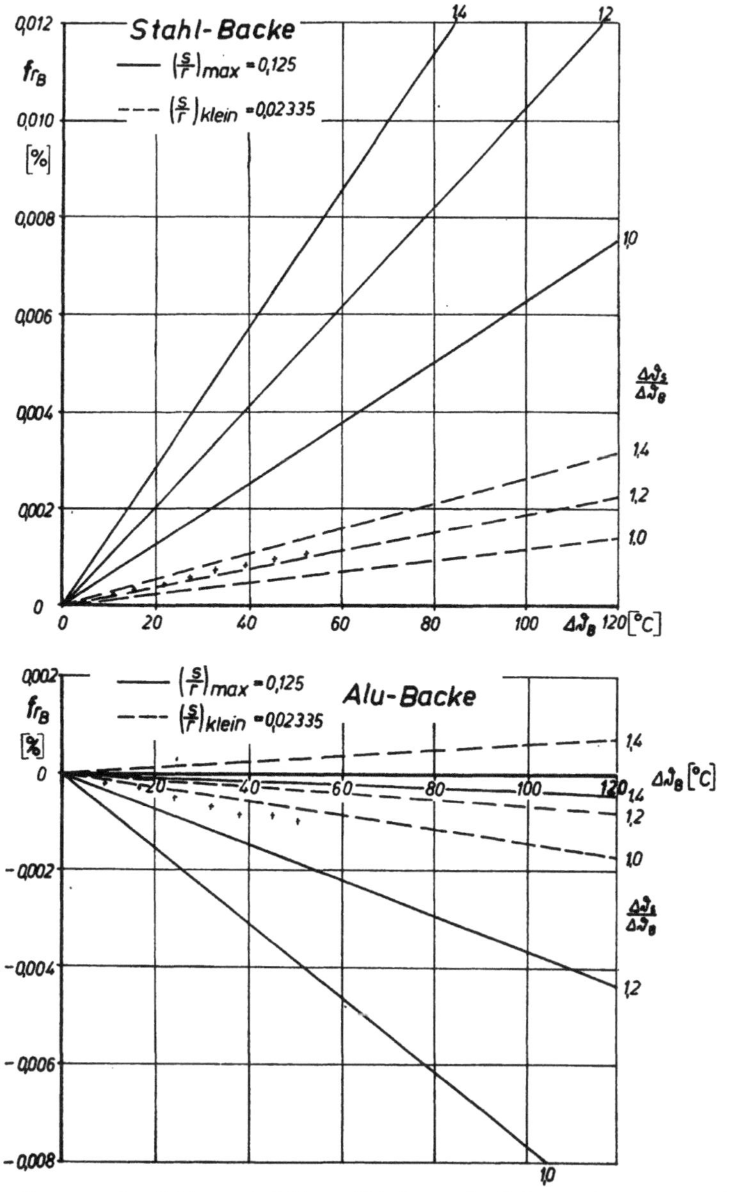

Bild 2.51. Prozentualer Fehler r_B bei Vernachlässigung des Belagausdehnungskoeffizienten

2.6 *Systematik zum Vergleich der Einflüsse durch Wärmedehnung mit denen der Fertigung*

Eine Erweiterung der Betrachtung ist darin zu finden, daß die Anordnungen, die hier in den thermischen Veränderungen gesucht werden, gleichzeitig für verschiedene Fälle der abweichenden Fertigungsmaße von den Nennmaßen gelten.

Um über die Möglichkeiten einen Überblick zu bekommen, wurden sie im Bild 2.61 zusammengestellt.

Für den Fall a ist der Trommelhalbmesser etwas größer oder bei b etwas kleiner als das Nennmaß. Fall a ist in dem Rechnungsansatz eingeschlossen, indem

$$r_T = r + \Delta r_T$$

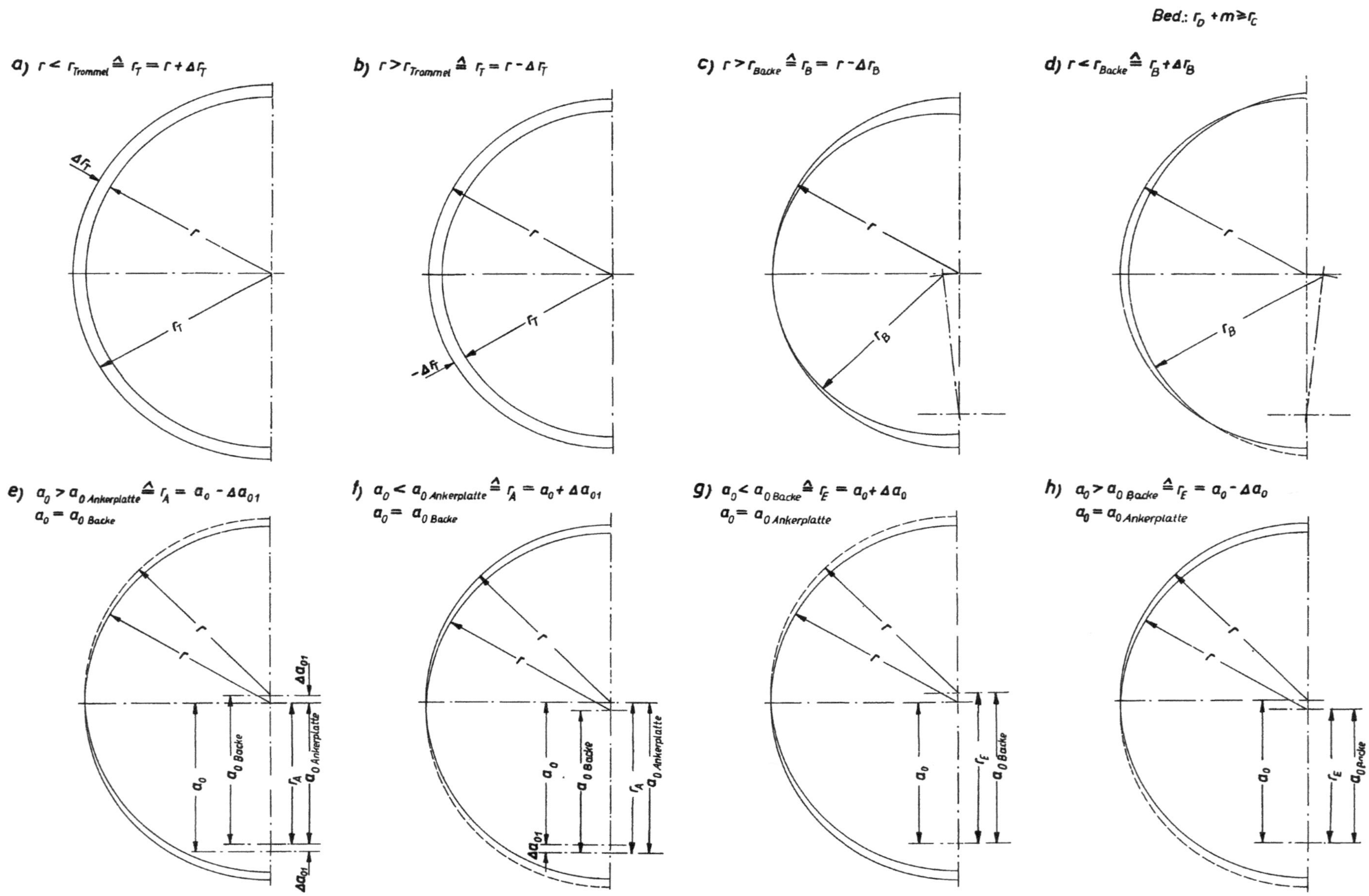

Bild 2.61. Einordnung bei Fertigungsfehlern

gesetzt wird. Hierbei ist Δr_T der Zuwachs innerhalb der Fertigungstoleranz gegenüber dem Nennmaß. Ganz ähnlich liegt der Fall *b*. Hier ergibt sich

$$r_T = r - \Delta r_T .$$

Allerdings ist hierbei zu beachten, daß $r_D + m \geqq |r_C|$ sein muß, damit der Ansatz des Druckverlaufs noch im üblichen Betriebsbereich bzw. Geltungsbereich liegt.

Die gleichen Verhältnisse auf die Backe übertragen, ergaben für die zu kleine Backe im Fall *c*:

$$r_B = r - \Delta r_B .$$

Δr_B ist wieder die Größe der Abweichung vom Nennmaß.

Für die zu groß hergestellte Backe gilt

$$r_B = r + \Delta r_B ,$$

wobei hier die Bedingung $r_D + m \geqq |r_C|$ erfüllt sein muß, da sonst ein Druckgesetz entsteht, das in dem Ansatz nicht enthalten ist.

Weiterhin ist in der Anordnung *e* und *f* eine Versetzung des Anlenkpunktes auf der Bremsankerplatte oder der Zentrierbohrung der Ankerplatte dargestellt. Hierbei soll sich die Versetzung auf der Konstruktionsachse Drehpunkt—Bremsmittelpunkt befinden.

Im Fall *e* ist der Abstand a_0 der Ankerplatte kleiner als der vorgeschriebene gefertigt worden. Dies ergibt eine Verschiebung des Backenmittelpunktes nach oben und kann in der Rechnung durch

$$r_A = a_0 - \Delta a_{01}$$

berücksichtigt werden. Der Fall *f* zeigt den umgekehrten Fall, die Verschiebung des Anlenkpunktes durch die Bremsankerplatte nach unten. Dies kann durch

$$r_A = a_0 + \Delta a_{01}$$

in Rechnung gestellt werden.

Bei Fall *g* und *h* bleibt a_0 an der Bremsankerplatte erhalten, hingegen soll für a_0 eine Fertigungsungenauigkeit an der Backe selbst vorhanden sein. Ist a_0 an der Backe größer als das geforderte, so gilt für *g*

$$r_E = a_0 + \Delta a_0 ,$$

und ist a_0 kleiner, dann ist für den Fall *h*

$$r_E = a_0 = \Delta a_0$$

zu setzen. Auch für diese Fälle ist wieder darauf zu achten, daß die Gültigkeitsbedingungen $r_D + m \geqq |r_C|$ vorliegen.

Setzt man voraus, daß Reibfläche in der Trommel und die Fläche der Backe, auf der der Belag aufliegt, zylindrisch sind und die Abstützbolzen senkrecht zur Bremsebene stehen, kann nur noch eine seitliche Versetzung der Drehpunkte auftreten. Die seitliche Versetzung läßt sich aber auf eine Drehung um die Bremsenmitte und eine Verschiebung auf der Linie Mittelpunkt—Drehpunkt zurückführen. Es gilt also Fall *e* bzw. *g* in Zusammenhang mit einer konzentrischen Drehung.

3 Druckgesetz

3.1 *Exaktes und näherungsweise bestimmtes Druckgesetz*

An Hand des Bildes 2.31 sind die geometrischen Bedingungen bei zugespannter Backe zu erkennen. Die maximale Zusammendrückung ist m, die unter dem Winkel φ_e zur x-Achse liegt. Damit werden die Mittelpunktkoordinaten des Backenkreises zu m_{x3} und $-m_{y3}$ (Gleichung (6) und (7)).

φ_e kann bestimmt werden durch Bild 3.11 mit Gl. (6)

$$\sin \varphi_e = \frac{m_{y3}}{r_D + m} = - \frac{r_E^2 - r_A^2 - (r_D + m)^2}{2\, r_A\, (r_D + m)} \,. \tag{10}$$

Der Druck an einer beliebigen Stelle unter dem Winkel α zur x-Achse muß der Strecke $F_1 F_2 = n_e$ proportional sein. Es gilt $n_e = f(\alpha)$ darzustellen.

Mit Hilfe des cos-Satzes ergibt nach Bild 3.12

$$r_B^2 = (r_D + m)^2 + (r_T + n_e)^2 - 2\,(r_D + m)\,(r_T + n_e) \cos(\alpha - \varphi_e) \,,$$

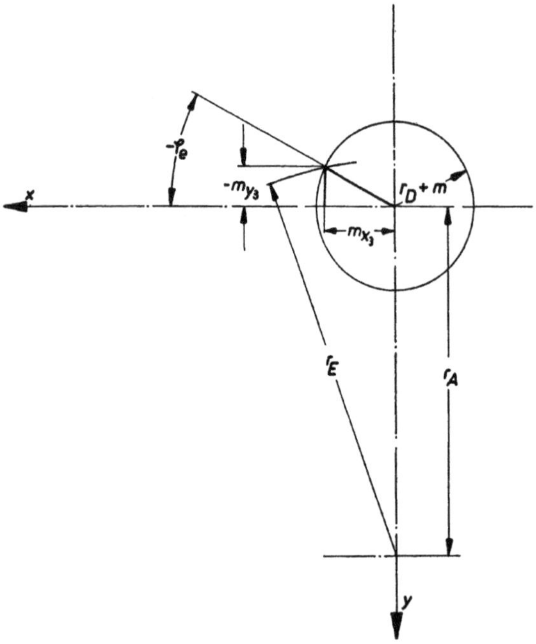

Bild 3.11

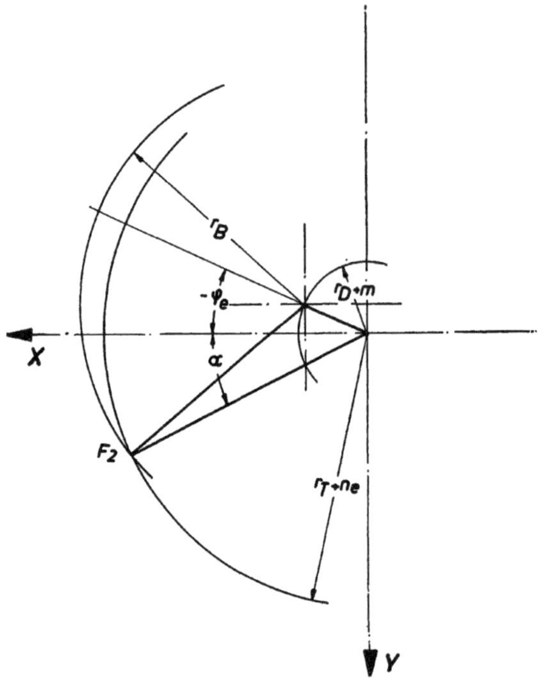

Bild 3.12

mit der Ergänzung von $(r_D + m)^2 \cos^2(\alpha - \varphi_e)$ wird die Gleichung zu

$$\left.\begin{aligned} r_B^2 - (r_D + m)^2 + (r_D + m)^2 \cos^2(\alpha - \varphi_e) &= \\ = (r_T + n_e)^2 - 2\,(r_D + m)\,(r_T + n_e) \cos(\alpha - \varphi_e) &+ (r_D + m)^2 \cos^2(\alpha - \varphi_e) \\ r_B^2 - (r_D + m)^2 \left[1 - \cos^2(\alpha - \varphi_e)\right] &= \left[r_T + n_e - (r_D + m) \cos(\alpha - \varphi_e)\right]^2 \\ n_e = - r_T + (r_D + m) \cos(\alpha - \varphi_e) &\pm \sqrt{r_B^2 - (r_D + m)^2 \sin^2(\alpha - \varphi_e)} \,. \end{aligned}\right\} \tag{14}$$

Somit liegt der exakte Druckverlauf $n_e = f(\alpha; \varphi_e)$ bei einer bestimmten Zuspannung und den entsprechenden Temperatureinflüssen, die in r_T; r_B und r_D enthalten sind, fest.

Dieser Ausdruck ist verhältnismäßig kompliziert. Man kann daneben an Hand Bild 3.13 den angenäherten Druckverlauf bestimmen:

$$\left.\begin{aligned} n_e + r_T &= r_B \cos \sigma + (r_D + m) \cos(\alpha - \varphi_e) \\ n_e &= - r_T + r_B \cos \sigma + (r_D + m) \cos(\alpha - \varphi_e) \,. \end{aligned}\right\} \tag{15}$$

Setzt man $r_B \cos\sigma \approx r_B$, die gemachte Vernachlässigung ist durch den Kreisbogen angedeutet, so erhält man

$$\left.\begin{aligned} n_n &= -r_T + r_B + (r_D + m)\cos(\alpha - \varphi_e) \\ n_n &= -r_D + (r_D + m)\cos(\alpha - \varphi_e)\,. \end{aligned}\right\} \tag{16}$$

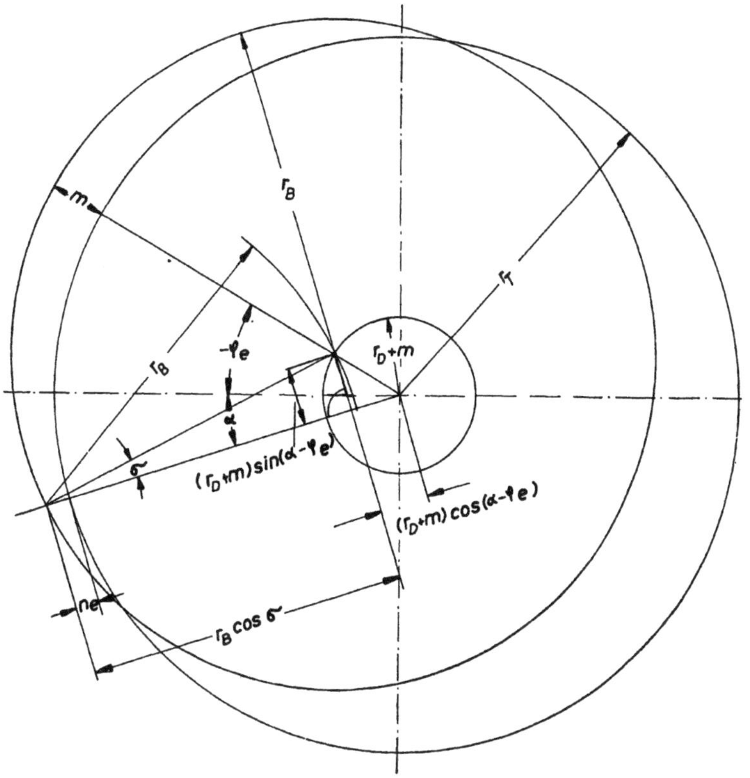

Bild 3.13. Geometrische Verhältnisse zur Bestimmung des angenäherten Druckgesetzes

Die Gegenüberstellung mit Gleichung (14) bringt dann die Vernachlässigung des Gliedes

$$(r_D + m)^2 \sin^2(\alpha - \varphi_e) \approx 0\,. \tag{14a}$$

Da $(r_D + m) \neq 0$ sein soll, kann nur $\sin(\alpha - \varphi_e) = 0$ werden. Gleichzeitig ergibt sich aus der Betrachtung, daß nur das positive Vorzeichen der Wurzel in Gleichung (14) von Interesse ist.

3.2 *Nachweis zur berechtigten Benutzung des angenäherten Druckgesetzes*

Die Näherung fordert, daß $\sigma \approx 0$ ist, dann ist $n_e \approx n_n$. Es ist zu untersuchen, ob σ unter ungünstigen Bedingungen genügend klein bleibt. Wenn $\sigma = \sigma_{max}$ werden soll, so muß auch $\sin\sigma = (\sin\sigma)_{max}$ werden:

$$\sin\sigma = \frac{(r_D + m)\sin(\alpha - \varphi_e)}{r_B}\,. \tag{17}$$

Der Anteil des sin-Gliedes wird maximal für $\sin(\alpha - \varphi_e) = 1$. Hiermit ergibt sich

$$\left.\begin{aligned} (\sin\sigma)_{\max} &= \frac{r_D + m}{r_B} = \frac{\Delta r_T - \Delta r_B + m}{r + \Delta r_B} = \frac{r\,\alpha_T\,\Delta\vartheta_T - r\,\alpha_B\,\Delta\vartheta_B + m}{r + r\,\alpha_B\,\Delta\vartheta_B} \\ (\sin\sigma)_{\max} &= \frac{\alpha_T\,\Delta\vartheta_T - \alpha_B\,\Delta\vartheta_B + \dfrac{m}{r}}{1 + \alpha_B\,\Delta\vartheta_B}\,. \end{aligned}\right\} \tag{17a}$$

Der Einfluß von $\alpha_B\,\Delta\vartheta_B$ im Nenner ist nur gering (für $\Delta\vartheta_B = 200\ °C$ 0,44% bei Alu-Backe und 0,22% bei Stahl-Backe), deshalb soll $\Delta\vartheta_B = 0$ gesetzt werden. Um einen Extremfall zu schaffen, soll aber $\frac{m}{r} = \left(\frac{m}{r}\right)_{\max}$ eingesetzt und eine Trommeltemperaturdifferenz $\Delta\vartheta_T = 400\ °C$ angenommen werden.

Damit wird

$$(\sin\sigma)_{\max} = \alpha_T\,\Delta\vartheta_T + \left(\frac{m}{r}\right)_{\max} \qquad \alpha_T = 9\cdot 10^{-6}\left[\frac{\mathrm{m}}{\mathrm{m\ grd}}\right]$$

$$\begin{aligned} (\sin\sigma)_{\max} &= 9\cdot 10^{-6}\,400 + 750\cdot 10^{-6} & \left(\frac{m}{r}\right)_{\max} &= 750\cdot 10^{-6} \\ &= (3{,}6 + 0{,}75)\cdot 10^{-3} = 0{,}00435 & & \\ \sigma_{\max} &\approx 0{,}25° & \Delta\vartheta_T &= 400\,[°C]\,. \end{aligned}$$

Es ist hiermit nachgewiesen, daß der Winkel σ auch unter außergewöhnlich ungünstigen Bedingungen sehr klein bleibt und damit die Näherung für n (ebenso wie im Normalfall) gerechtfertigt ist. Man kann also $r_B \approx r_B \cos\sigma$ setzen.

3.3 *Näherung für den Winkel maximaler Belagpressung und seine Einflußgrößen*

Im Bild 3.31 ist zu erkennen, welche Vernachlässigung gemacht wird, wenn man den Winkel φ nicht nach Gleichung (10), sondern wie folgt bestimmt:

$$\sin\varphi_n = -\frac{r_C}{r_T + m}\,. \tag{18}$$

Es wird $-m_{y3} \approx r_C$ gesetzt. Der größte Fehler wird dort auftreten, wo die vernachlässigte Bogenhöhe h_B am größten ist:

$$\left.\begin{aligned} h_B &= r_E - r_E\cos\tau_3 \\ h_B &= r_E\,(1 - \cos\tau_3)\,. \end{aligned}\right\} \tag{19}$$

Durch den cos-Satz wird $\cos\tau_3$ bestimmt:

$$\left.\begin{aligned} (r_D + m)^2 &= r_E^2 + r_A^2 - 2\,r_E\,r_A\cos\tau_3 \\ \cos\tau_3 &= -\frac{(r_D + m)^2 - r_E^2 - r_A^2}{2\,r_E\,r_A}\,. \end{aligned}\right\} \tag{20}$$

Damit wird Gleichung (19) zu

$$h_B = r_E\left[1 + \frac{(r_D + m)^2 - r_E^2 - r_A^2}{2\,r_E\,r_A}\right]$$

$$h_B = r_E + \frac{(r_D + m)^2 - r_A^2}{2\,r_A} - \frac{r_E^2}{2\,r_A}\,.$$

Die Ableitung nach r_E ergibt nach Nullsetzung den Extremwert

$$\frac{dh_B}{dr_E} = 1 - \frac{r_E}{r_A} = 0\,,$$

$$r_E = r_A\,.$$

Wie man sieht, ist ein Maximum für diesen Wert vorhanden, da die zweite Ableitung negativ ist.

Jetzt liegt die Bedingung für den größten Fehler vor,

$$r_C = r_E - r_A = 0\,,$$

also $\sin \varphi_n = 0$; $\varphi_n = 0$.

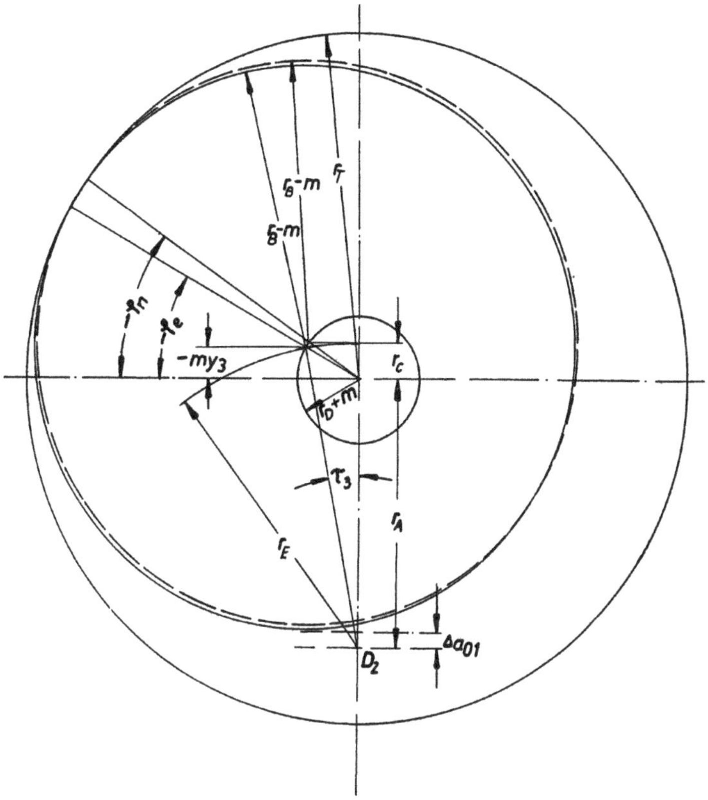

Bild 3.31. Geometrische Verhältnisse für die näherungsweise Bestimmung des Winkels maximaler Belagpressung

Bestimmt man aber den Winkel φ_e nach Gleichung (10) mit $r_E = r_A$

$$\sin \varphi_e = \frac{(r_D + m)}{2\, r_A} = \frac{\Delta r_T - \Delta r_B + m}{2\,(a_0 + \Delta a_{01})}$$

$$= \frac{r\,(\alpha_T\, \Delta\vartheta_T - \alpha_B\, \Delta\vartheta_B) + m}{2\, a_0\,(1 + \alpha_A\, \Delta\vartheta_A)} = \frac{\alpha_T\, \Delta\vartheta_T - \alpha_B\, \Delta\vartheta_T + \dfrac{m}{r}}{2\, \dfrac{a_0}{r}\,(1 + \alpha_A\, \Delta\vartheta_A)}\,.$$

Aus der Bedingung $r_E = r_A$ ergibt sich für $\sin \varphi_e$ die daraus folgende

$$a_0\,(1 + \alpha_B\, \Delta\vartheta_B) = a_0\,(1 + \alpha_A\, \Delta\vartheta_A)\,,$$

$$\alpha_B\, \Delta\vartheta_B = \alpha_A\, \Delta\vartheta_A\,;$$

damit wird

$$\sin \varphi_e = \frac{\alpha_T\, \Delta\vartheta_T - \alpha_B\, \Delta\vartheta_B + \dfrac{m}{r}}{2\, \dfrac{a_0}{r}\,(1 + \alpha_B\, \Delta\vartheta_B)}\,.$$

Beim Vergleich mit (17a) stellt man Übereinstimmung bis auf den Faktor $\frac{a_0}{r}$ im Nenner fest. Es gelten hier die gleichen Bedingungen, um einen besonders ungünstigen Fall darzustellen.

$$(\sin \varphi_e)_{\max} = \frac{\alpha_T \, \Delta\vartheta_T + \left(\frac{m}{r}\right)_{\max}}{2 \frac{a_0}{r}} \qquad \alpha_T = 9 \cdot 10^{-6} \left[\frac{\text{m}}{\text{m grd}}\right]$$

$$\left(\frac{m}{r}\right)_{\max} = 750 \cdot 10^{-6}$$

$$(\sin \varphi_e)_{\max} = \frac{9 \cdot 10^{-6} \cdot 400 + 750 \cdot 10^{-6}}{1{,}6} \qquad \Delta\vartheta_T = 400\ [^\circ\text{C}]$$

$$= \frac{0{,}00435}{1{,}6} = 0{,}00272 \qquad \frac{a_0}{r} = 0{,}8$$

$$(\varphi_e)_{\max} = 0{,}15^\circ\,.$$

Damit ist auch hier der Nachweis erbracht, daß die Näherung durchaus gerechtfertigt ist.

Die Einflußgrößen des Winkels maximaler Pressung erkennt man in Gleichung (18)

$$\sin \varphi_n = -\frac{r_G}{r_D + m}, \tag{18}$$

umgeformt

$$\sin \varphi_n = -\frac{\Delta a_0 - \Delta a_{01}}{\Delta r_T - \Delta r_B + m} = -\frac{a_0 \, \alpha_B \, \Delta\vartheta_B - a_0 \, \alpha_A \, \Delta\vartheta_A}{r \, \alpha_T \, \Delta\vartheta_T - r \, \alpha_B \, \Delta\vartheta_B + m}$$

$$\sin \varphi_n = -\frac{a_0}{r} \frac{\frac{\alpha_B}{\alpha_T} \frac{\Delta\vartheta_B}{\Delta\vartheta_T} - \frac{\alpha_A}{\alpha_T} \frac{\Delta\vartheta_A}{\Delta\vartheta_T}}{1 - \frac{\alpha_B}{\alpha_T} \frac{\Delta\vartheta_B}{\Delta\vartheta_T} + \frac{m}{r} \frac{1}{\alpha_T \, \Delta\vartheta_T}}\,.$$

Im Bild 3.32 ist $\varphi_n = f\left(\frac{\Delta\vartheta_B}{\Delta\vartheta_T}\right)$ dargestellt, dabei ist die Trommeltemperaturdifferenz $\Delta\vartheta_T$ als Parameter gewählt und $\frac{\Delta\vartheta_A}{\Delta\vartheta_T} = 0$ und $0{,}1$ eingesetzt worden. Die Darstellung a) mit dem Wert $\left(\frac{m}{r}\right)_{\max} = 750 \cdot 10^{-6}$ ergibt einen wesentlich flacheren Verlauf der Kurven als in der Darstellung b) mit $\left(\frac{m}{r}\right)_{\text{klein}} = 11{,}7 \cdot 10^{-6}$.

Die Auswirkung der unterschiedlichen Trommeltemperatur ist für $\left(\frac{m}{r}\right)_{\max}$ wesentlich größer als dies für $\left(\frac{m}{r}\right)_{\text{klein}}$ der Fall ist.

$\frac{\Delta\vartheta_A}{\Delta\vartheta_T}$ hat einen gleichartigen Einfluß unter allen Bedingungen. Aus Gleichung (18) ist schon zu erkennen, daß $\varphi = 0$ sein muß, wenn der Zähler des Bruches Null wird. Ist also $\alpha_B = \alpha_A$, dann wird $\varphi = 0$ für $\Delta\vartheta_B = \Delta\vartheta_A$.

Die unterschiedlichen Backenmaterialien bzw. -ausdehnungskoeffizienten wurden im Maßstab der Abszisse berücksichtigt.

3.4 *Einflußgrößen auf Druckverlauf und wirksame Belagwinkel*

Um die Größen, die den Druckverlauf beeinflussen, kennen zu lernen, soll Gleichung (16) etwas umgeformt werden.

$$\left.\begin{aligned} n_n &= -r_D + (r_D + m)\cos(\alpha - \varphi_n) \\ n_n &= r_D\left[\cos(\alpha - \varphi_n) - 1\right] + m \cos(\alpha - \varphi_n) \quad \Big| \quad r_D = r\,(\alpha_T \, \Delta\vartheta_T - \alpha_B \, \Delta\vartheta)_B \\ n_n &= r\,(\alpha_T \, \Delta\vartheta_T - \alpha_B \, \Delta\vartheta_B)\left[\cos(\alpha - \varphi_n) - 1\right] + m \cos(\alpha - \varphi_n)\,, \end{aligned}\right\} \tag{16}$$

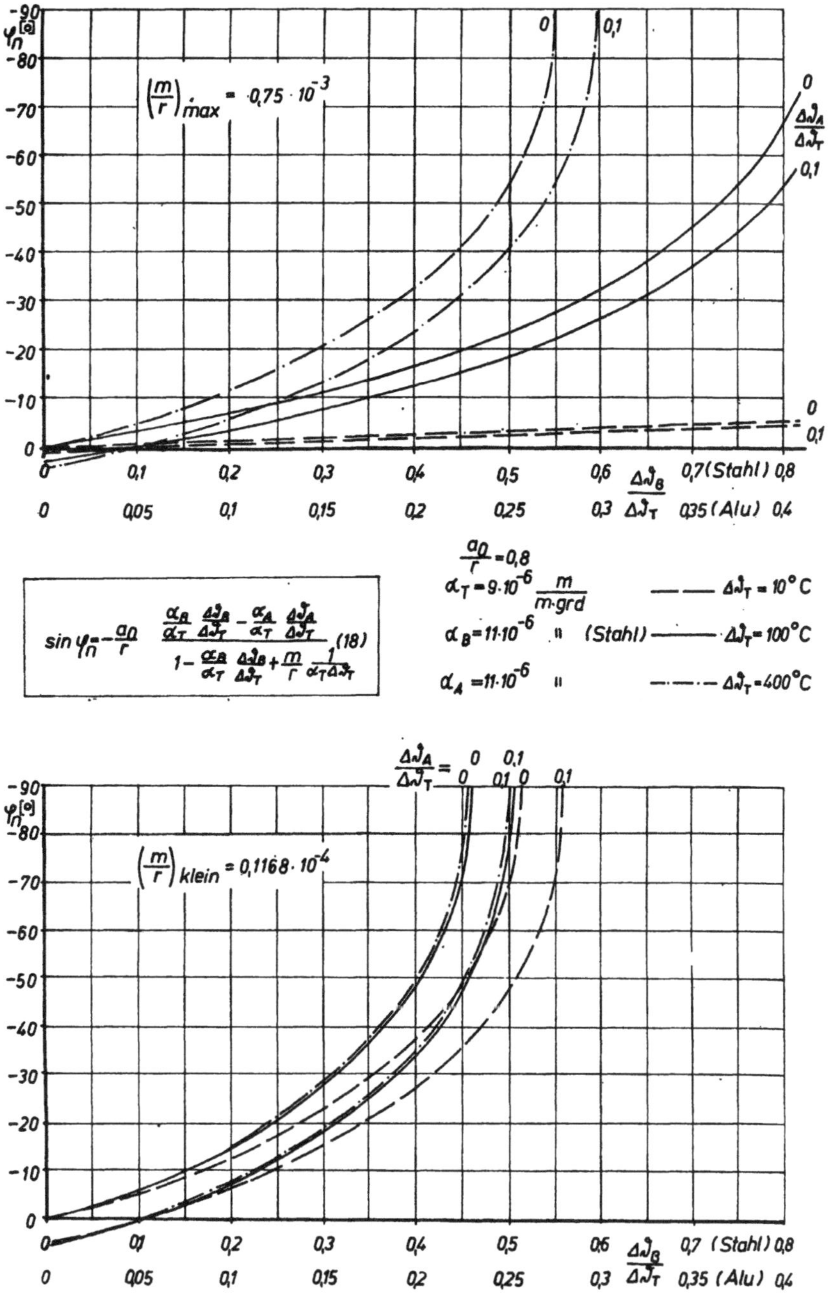

Bild 3.32

auf m bezogen

$$\frac{n_n}{m} = \frac{r}{m}\alpha_T\,\Delta\vartheta_T\left(1 - \frac{\alpha_B\,\Delta\vartheta_B}{\alpha_T\,\Delta\vartheta_T}\right)[\cos(\alpha - \varphi_n) - 1] + \cos(\alpha - \varphi_n)\,. \tag{16a}$$

$\frac{n_n}{m} = f(\alpha - \varphi_n)$ mit dem Parameter $\frac{\Delta\vartheta_B}{\Delta\vartheta_T}$ für $\Delta\vartheta_T = 400$ °C und $\left(\frac{m}{r}\right)_{max} = 750 \cdot 10^{-6}$ ergeben mit den entsprechenden Ausdehnungskoeffizienten die im Bild 3.41 dargestellten Kurven (voll ausgezogen). Für die Bedingung

$$1 = \frac{\alpha_B \,\Delta\vartheta_B}{\alpha_T \,\Delta\vartheta_T} \text{ liegt die reine cos-Linie vor.}$$

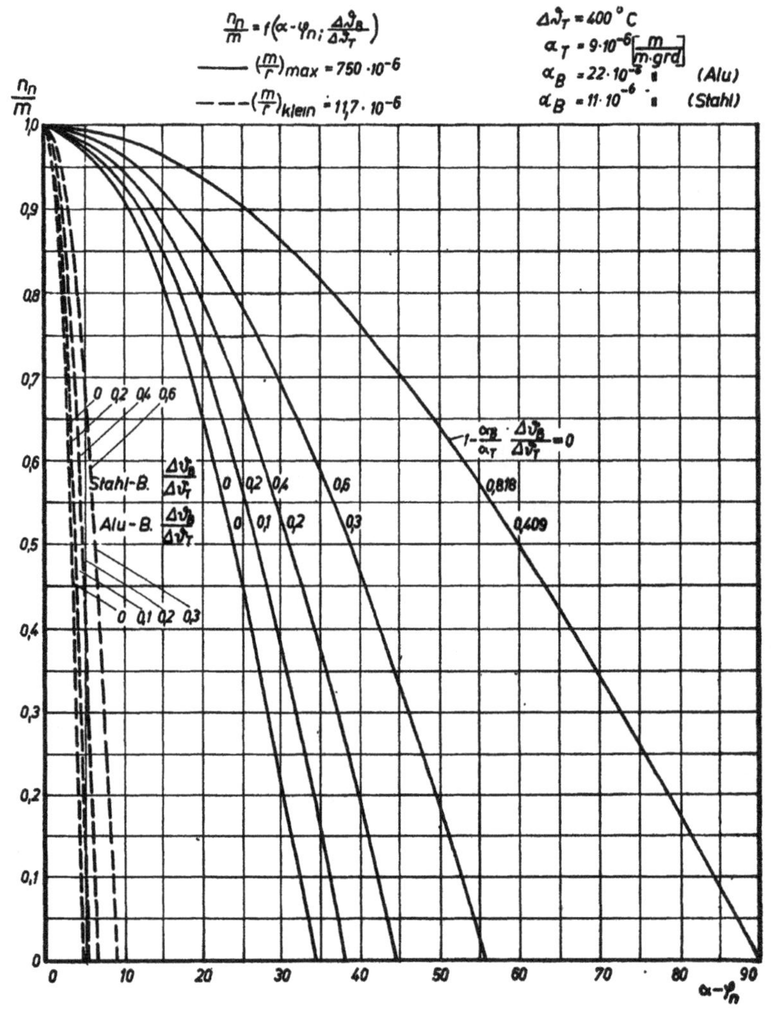

3.41. Druckverlauf

Für $1 < \frac{\alpha_B \,\Delta\vartheta_B}{\alpha_T \,\Delta\vartheta_T}$ sind flachere Kurven als die dargestellten zu erwarten, wobei die Grenze bei $\frac{n_n}{m} = 1$ vorliegt. Dies ist an Hand der Gleichung (16a) leicht nachzuweisen.

Es läßt sich aus Gleichung (16a) feststellen, wieviel größer $\frac{\alpha_B \,\Delta\vartheta_B}{\alpha_T \,\Delta\vartheta_T}$ als 1 werden kann:

$$\frac{n_n}{m} \leqq 1 \geqq \frac{r}{m}\,\alpha_T\,\Delta\vartheta_T\left(1 - \frac{\alpha_B\,\Delta\vartheta_B}{\alpha_T\,\Delta\vartheta_T}\right)[\cos(\alpha - \varphi_n) - 1] + \cos(\alpha - \varphi_n)$$

$$0 \geqq [\cos(\alpha - \varphi_n) - 1]\left[1 + \frac{r}{m}\,\alpha_T\,\Delta\vartheta_T\left(1 - \frac{\alpha_B\,\Delta\vartheta_B}{\alpha_T\,\Delta\vartheta_T}\right)\right].$$

Für $0 < \alpha - \varphi_n < \frac{\pi}{2}$ ist $\cos(\alpha - \varphi_n) < 1$, also ist die erste Klammer negativ, d. h. sie ist kleiner als 0. Dann muß die zweite Klammer größer null sein, damit das Produkt kleiner null bleibt.

$$0 \leqq 1 + \frac{r}{m} \alpha_T \Delta\vartheta_T \left(1 - \frac{\alpha_B \Delta\vartheta_B}{\alpha_T \Delta\vartheta_T}\right)$$

$$1 \geqq -\frac{r}{m} \alpha_T \Delta\vartheta_T \left(1 - \frac{\alpha_B \Delta\vartheta_B}{\alpha_T \Delta\vartheta_T}\right)$$

$$\frac{m}{r} \frac{1}{\alpha_T \Delta\vartheta_T} \geqq -\left(1 - \frac{\alpha_B \Delta\vartheta_B}{\alpha_T \Delta\vartheta_T}\right)$$

$$\frac{m}{r} \frac{1}{\alpha_T \Delta\vartheta_T} + 1 \geqq \frac{\alpha_B \Delta\vartheta_B}{\alpha_T \Delta\vartheta_T} > 1\,.$$

Hieraus ist zu erkennen, welche Erweiterung möglich ist. Für kleine $\Delta\vartheta_T$-Werte kann sie erheblich sein, jedoch für größere $\Delta\vartheta_T$-Werte ist der auftretende Bereich eingeschränkt.

Ist aber $1 > \frac{\alpha_B \Delta\vartheta_B}{\alpha_T \Delta\vartheta_T}$, so entsteht eine entsprechend steilere Kurve, die eine Winkelbeschneidung hervorruft, die auch für eine in der Praxis auftretende Belegung auftreten kann. Die Kurven gelten für Alu- oder Stahlbacke gleichermaßen, wenn $\alpha_{B\,\text{Alu}} = 2\,\alpha_{B\,\text{Stahl}}$ Berücksichtigung findet. Es tritt klar in Erscheinung, daß im Betrieb bei stark zurückbleibender Backentemperatur eine erhebliche Beschneidung der wirksamen Belagwinkel und ein zugehöriger Anstieg der spezifischen Flächenpressung auftreten, was besonders für die Kurven (gestrichelt) für $\left(\frac{m}{r}\right)_{\text{klein}}$ zutrifft.

Im Bild 3.42 ist $\frac{n_n}{m} = f(\alpha - \varphi_n)$ mit dem Parameter $\Delta\vartheta_T$, $\Delta\vartheta_B = 0$ und $\left(\frac{m}{r}\right)_{\max}$ hingegen im Bild 3.43 für $\left(\frac{m}{r}\right)_{\text{klein}}$ zu finden.

Es liegt die gleiche Tendenz vor, wie sie schon im Abschnitt 2.4 anzutreffen war. Bei steigender Trommeltemperatur wird der Kurvenverlauf steiler, was ebenfalls eine Erhöhung der spezifischen Flächenpressung nach sich zieht. Ganz besonders ausgeprägt ist diese Erscheinung für $\left(\frac{m}{r}\right)_{\text{klein}}$ in Bild 3.43.

Die Winkelbeschneidung ist aus dieser Darstellung auch zu beurteilen. Jedoch gibt die Gleichung (16) bzw. (16a) direkten Aufschluß hierüber, wenn $n_n = 0$ gesetzt wird:

$$\left.\begin{aligned}
&\frac{n_n}{m} = 0 = \cos(\alpha - \varphi_n) + \frac{r}{m} \alpha_T \Delta\vartheta_T \left(1 - \frac{\alpha_B \Delta\vartheta_B}{\alpha_T \Delta\vartheta_T}\right) [\cos(\alpha - \varphi_n) - 1] \\
&\cos(\alpha - \varphi_n) \left[1 + \frac{r}{m} \alpha_T \Delta\vartheta_T \left(1 - \frac{\alpha_B \Delta\vartheta_B}{\alpha_T \Delta\vartheta_T}\right)\right] - \frac{r}{m} \alpha_T \Delta\vartheta_T \left(1 - \frac{\alpha_B \Delta\vartheta_B}{\alpha_T \Delta\vartheta_T}\right) = 0 \\
&\cos(\alpha - \varphi_n) = \frac{\frac{r}{m} \alpha_T \Delta\vartheta_T \left(1 - \frac{\alpha_B \Delta\vartheta_B}{\alpha_T \Delta\vartheta_T}\right)}{1 + \frac{r}{m} \alpha_T \Delta\vartheta_T \left(1 - \frac{\alpha_B \Delta\vartheta_B}{\alpha_T \Delta\vartheta_T}\right)} \\
&\cos(\alpha - \varphi_n) = \frac{1}{\dfrac{1}{\frac{r}{m} \alpha_T \Delta\vartheta_T \left(1 - \frac{\alpha_B \Delta\vartheta_B}{\alpha_T \Delta\vartheta_T}\right)} + 1}\,.
\end{aligned}\right\} \quad (16\text{b})$$

Die Ergebnisse der Gleichung (16b) sind in den Bildern 3.44 bis 3.47 zusammengestellt. Der wesentliche Unterschied ergibt sich durch $\left(\frac{m}{r}\right)_{\max}$ und $\left(\frac{m}{r}\right)_{\text{klein}}$.

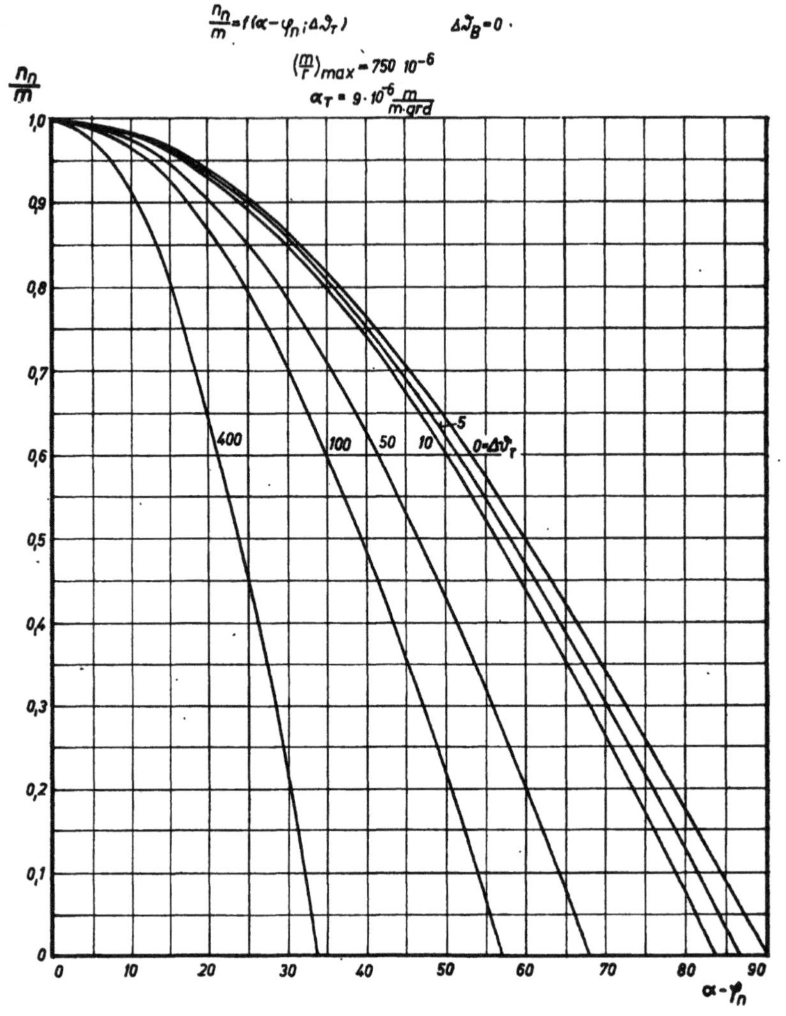

3.42. Druckverlauf

Allgemein interessant ist hierbei, daß die Temperatur der Bremsankerplatte keinen Einfluß auf den Druckverlauf ausübt. Außerdem wird an Hand der Funktionen $\alpha - \varphi_n = f\left(\frac{\Delta\vartheta_B}{\Delta\vartheta_T}\right)$ mit dem Parameter $\Delta\vartheta_T$ der Fall demonstriert, bei dem $r_T = r_B$ ist:

$$r_T - r_B = r\,(\alpha_T\,\Delta\vartheta_T - \alpha_B\,\Delta\vartheta_B) = 0$$

oder

$$\frac{\alpha_T}{\alpha_B} = \frac{\Delta\vartheta_B}{\Delta\vartheta_T}\,.$$

Unter dieser Bedingung wird $\frac{n_n}{m}$ eine reine cos-Funktion, was auch aus Gleichung (16a) zu erkennen ist.

Um die Anteile, die den Druckverlauf bestimmen, zu erkennen, kann die Gleichung (16a) wie folgt umgestellt werden:

$$\frac{n_n}{m} = \cos\,(\alpha - \varphi_n) + \frac{\alpha_B\,\Delta\vartheta_B}{\frac{m}{r}}\,[1 - \cos\,(\alpha - \varphi_n)] - \frac{\alpha_T\,\Delta\vartheta_T}{\frac{m}{r}}\,[1 - \cos\,(\alpha - \varphi_n)]\,. \qquad (16\text{c})$$

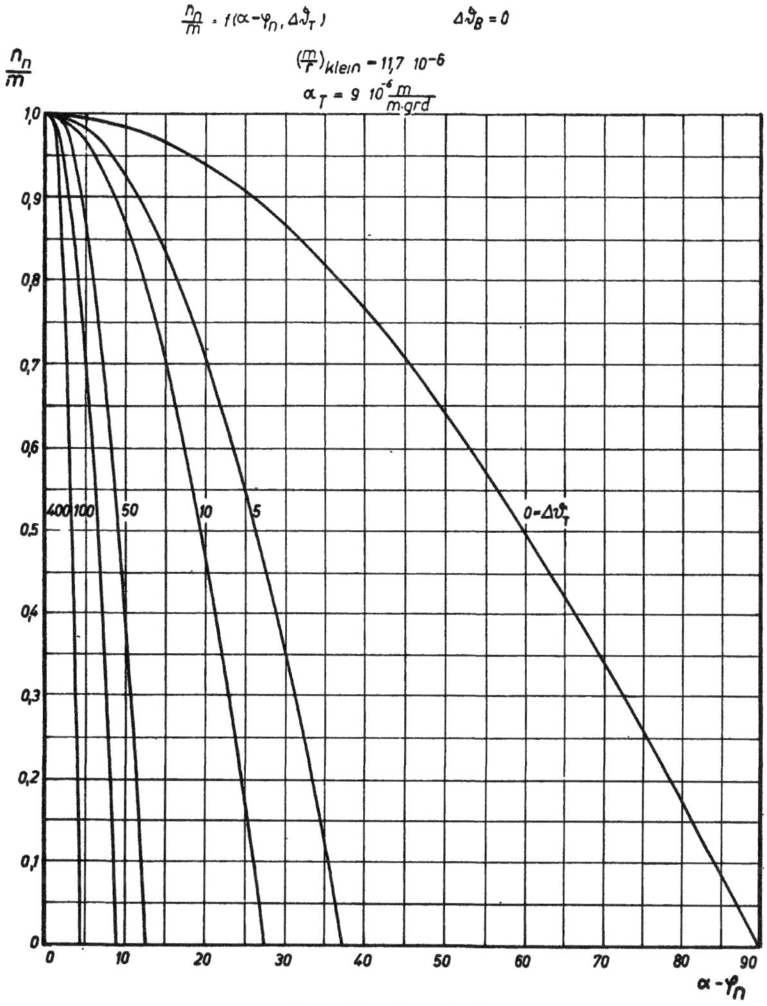

3.43. Druckverlauf

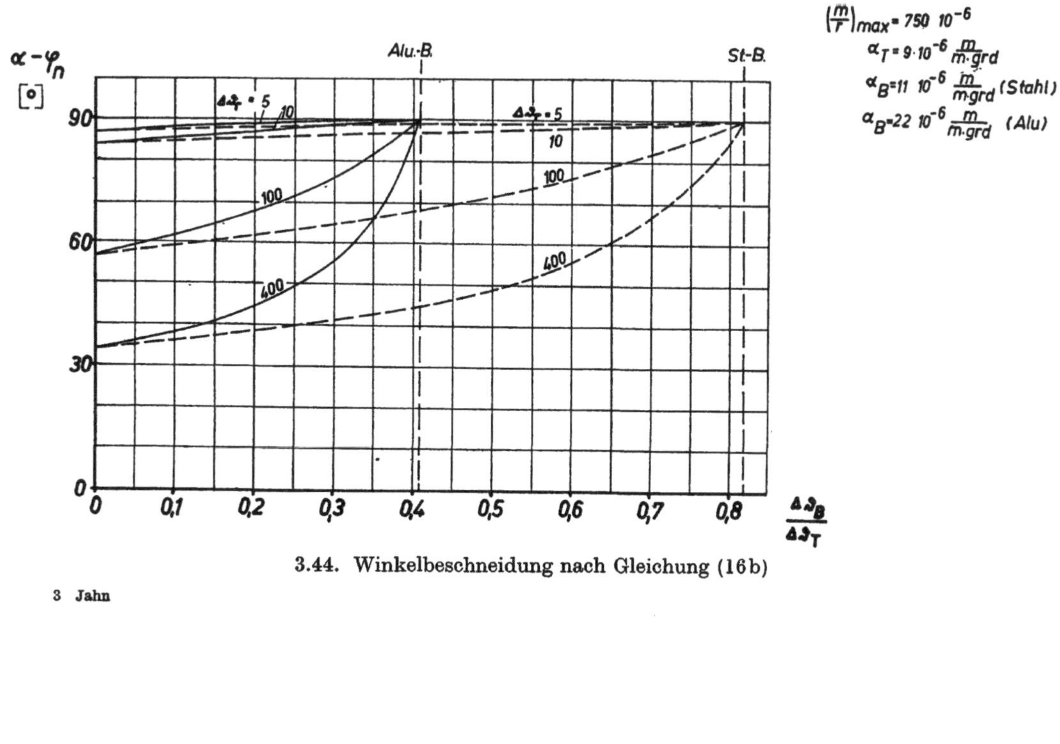

3.44. Winkelbeschneidung nach Gleichung (16b)

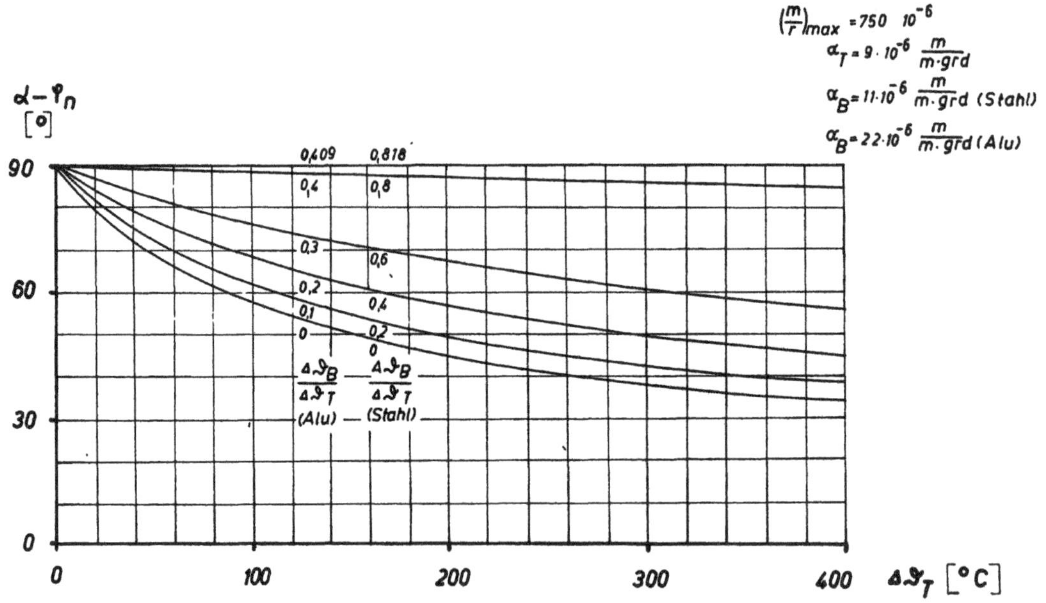

3.45. Winkelbeschneidung nach Gleichung (16b)

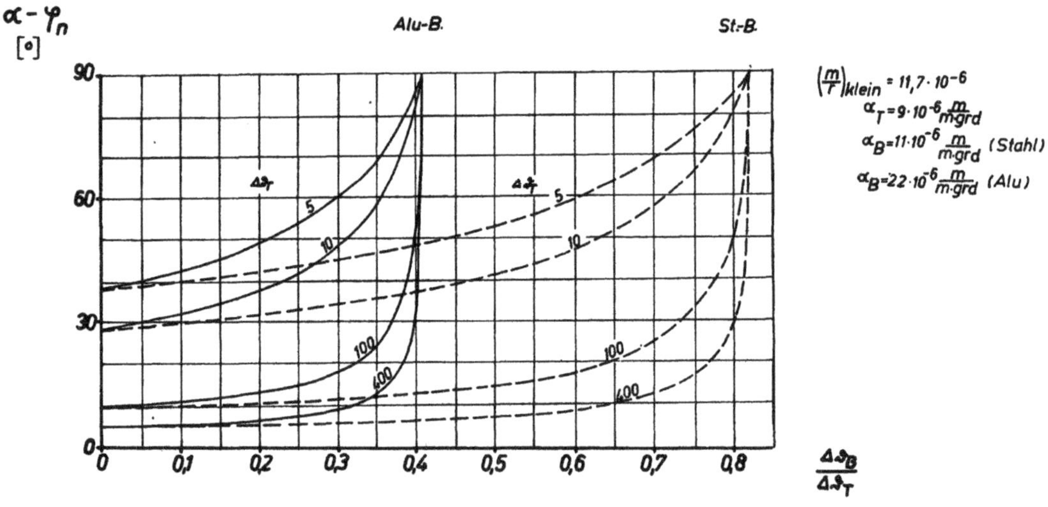

3.46. Winkelbeschneidung nach Gleichung (16b)

Daraus ist zu ersehen, daß eine cos-Funktion vorliegt, solange die Temperaturen $\Delta\vartheta_T = \Delta\vartheta_B = 0$ sind oder beide Anteile in der Gleichung gleich groß sind.

Außerdem läßt sich die Gleichung in der einfachen Form (16e) schreiben:

$$\frac{n_n}{m} = \frac{\alpha_B\, \Delta\vartheta_B - \alpha_T\, \Delta\vartheta_T}{\frac{m}{r}} + \left[1 - \frac{\alpha_B\, \Delta\vartheta_B - \alpha_T\, \Delta\vartheta_T}{\frac{m}{r}}\right] \cos(\alpha - \varphi_n)\,. \tag{16e}$$

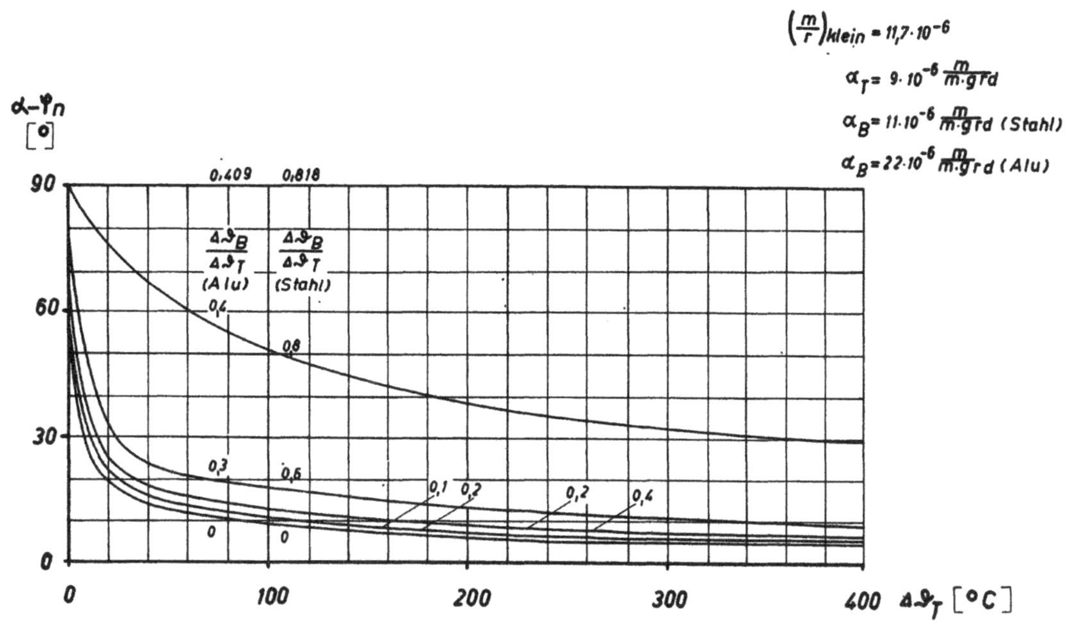

3.47. Winkelbeschneidung nach Gleichung (16b)

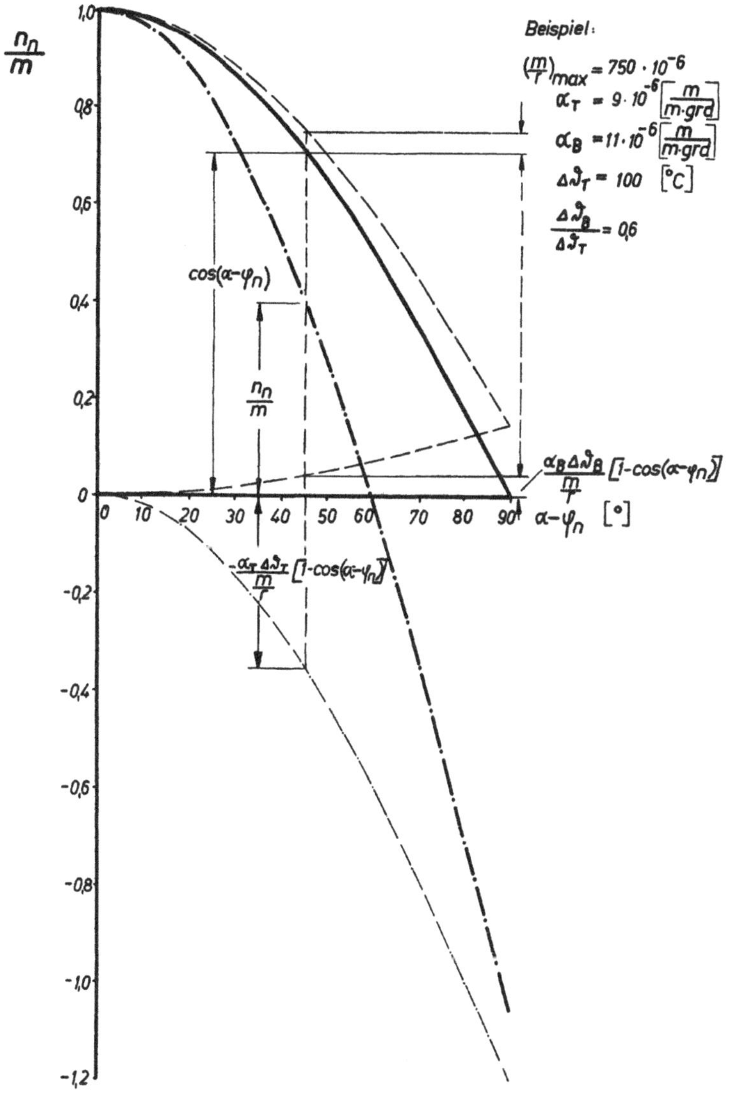

3.48. Der Druckverlauf bestimmter Anteile

$$\frac{n_n}{m} = \cos(\alpha-\varphi_n) + \frac{\alpha_B \Delta\vartheta_B}{\frac{m}{r}} [1-\cos(\alpha-\varphi_n)] - \frac{\alpha_T \Delta\vartheta_T}{\frac{m}{r}} [1-\cos(\alpha-\varphi_n)] \qquad (16c)$$

Zur Darstellung in Bild 3.48 wurde jedoch die Form von Gleichung (16c) gewählt, um die Überlagerung der beiden Wärmedehnungsanteile mit der cos-Linie zu zeigen. Dabei ergibt sich dann die resultierende strichpunktierte Kurve des Druckverlaufes. Die gewählten Werte für das Beispiel sind eingetragen.

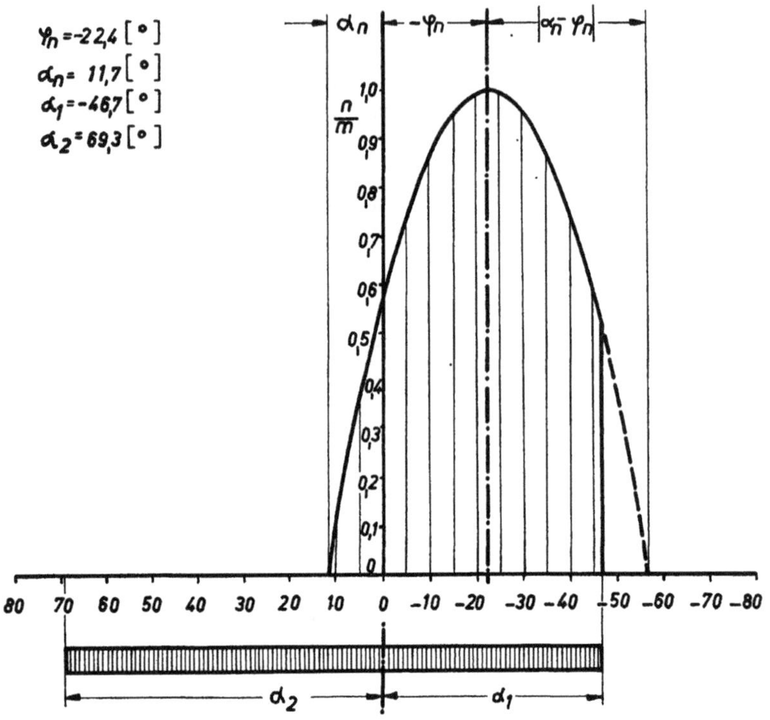

Bild 3.49. Druckverlauf über den Belagwinkel (α_3-Ende beschnitten)

Um die Lage der Druckkurve zum Belag herzustellen, wurde über der Abwicklung des Belages der Druckverlauf aufgetragen (Bild 3.49). Hierfür wurde ein Betriebspunkt aus den praktischen Untersuchungen benützt. α_n ist hierbei der Winkel, bei dem der Druck gleich Null wird.

4 Die Kennung unter dem Einfluß der Wärmedehnung

4.1 Ableitung des Verhältnisses Umfangskraft zu Spannkraft unter den Bedingungen der Wärmedehnung und Festlegung des Zusatzgliedes

Für die Berechnung werden die Voraussetzungen zusammengestellt:

a) Trommel, Backe und Bremsankerplatte sind starr und unterliegen keiner mechanischen Verformung. Die thermische Verformung ruft nur eine Veränderung der Radien an Trommel und Backe hervor, so daß zylindrische Reibflächen erhalten bleiben.

b) Die Belagstärke ist konstant. Das Belagmaterial folgt dem HOOKEschen Gesetz.

c) Die Radien von Trommel und Belag sind ungespannt nur für einen bestimmten thermischen Ausgangszustand identisch.

d) Der Reibbeiwert ist an jeder Stelle der Reibfläche gleich groß.

Im Bild 4.11 sind die wesentlichen Berechnungsgrößen an der Drehbacke zu erkennen. Um das Normalkraftelement dN bestimmen zu können, das

$$dN = p\,dF \tag{21}$$

ist, müssen das Flächenelement

$$dF = b\,r\,d\alpha \tag{22}$$

und die Belagpressung p festliegen:

$$p = \frac{n}{s} E\,. \tag{23}$$

Dabei bedeuten

b	[cm]	=	Belagbreite,
r	[cm]	=	Reibradius,
$d\alpha$	[°]	=	Winkelelement,
n	[cm]	=	Zusammendrückung des Belages,
s	[cm]	=	Belagstärke,
E	$\left[\frac{\text{kp}}{\text{cm}^2}\right]$	=	Elastizitätsmodul des Belages,

wobei $n = n_n$ gesetzt wird.

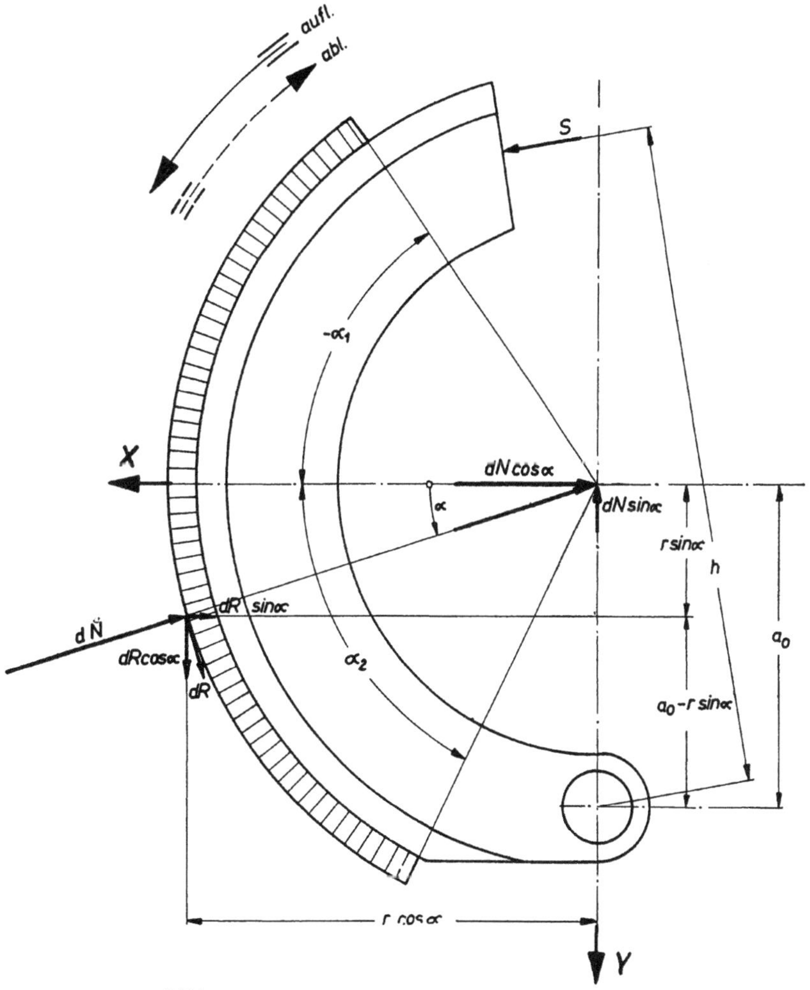

Bild 4.11. Berechnungsgrößen an der Drehbacke

Hieraus wird dN zu

$$dN = n \frac{E}{s} b\, r\, d\alpha .$$

Die für eine Bremse konstanten Werte E, b, r, s werden zusammengefaßt

$$K = \frac{E\, b\, r}{s} . \tag{24}$$

Nach Gleichung (16) war

$$n = (r_D + m) \cos (\alpha - \varphi) - r_D \tag{16}$$

mit $\cos (\alpha - \varphi) = \cos \alpha \cos \varphi + \sin \alpha \sin \varphi$;
Gleichung (18) umgeformt

$$- \frac{r_C}{\sin \varphi} = (r_D + m) \tag{18}$$

und (24) wird dN zu

$$\left. \begin{aligned} dN &= \left[- \frac{r_C}{\sin \varphi} (\cos \alpha \cos \varphi + \sin \alpha \sin \varphi) - r_D \right] K\, d\alpha \\ dN &= K\, [r_C\, (- \cot \varphi \cos \alpha - \sin \alpha) - r_D]\, d\alpha . \end{aligned} \right\} \tag{21a}$$

Das Reibkraftelement ist

$$dR = \mu\, dN , \tag{25}$$

daraus ergibt sich die Umfangskraft

$$U = \int dR = \mu \int dN . \tag{26}$$

Damit liegen die Gleichungen für die Kräfte fest. Außerdem werden die Abmessungen h, a_0, α_1, α_2 benötigt, wie aus dem Bild 4.11 zu ersehen ist.

An Hand dieses Bildes läßt sich die Gleichgewichtsbedingung aufstellen, indem die Summe der Momente um den Drehpunkt der Backe gebildet wird. Es gelten die oberen Vorzeichen immer für die auflaufende und die unteren Vorzeichen für die ablaufende Backe.

$$\left. \begin{aligned} & S \cdot h - a_0 \int dN \cos \alpha \pm r \int dR \cos^2 \alpha \mp \int (a_0 - r \sin \alpha)\, dR \sin \alpha = 0 \\ & S \cdot h - a_0 \int dN \cos \alpha \pm \mu\, r \int dN \cos^2 \alpha \mp \mu\, a_0 \int dN \sin \alpha \pm \mu\, r \int dN \sin^2 \alpha = 0 \\ & \cos^2 \alpha + \sin^2 \alpha = 1 \text{ eingesetzt} \end{aligned} \right\} \tag{27}$$

$$S \cdot h - a_0 \int dN \cos \alpha \pm \mu\, r \int dN \mp \mu\, a_0 \int dN \sin \alpha = 0 . \tag{27a}$$

Zunächst sind die Integrale in den Grenzen von α_1 bis α_2 zu lösen. Es werden dabei folgende Abkürzungen benutzt:

$$f_1 (\alpha_{1,2}) = \frac{\sin 2 \alpha_2 - \sin 2 \alpha_1 + 2 (\alpha_2 - \alpha_1)}{4 (\sin \alpha_2 - \sin \alpha_1)} ,$$

$$f_2 (\alpha_{1,2}) = \frac{- (\sin 2 \alpha_2 - \sin 2 \alpha_1) + 2 (\alpha_2 - \alpha_1)}{4 (\sin \alpha_2 - \sin \alpha_1)} ,$$

$$f_3 (\alpha_{1,2}) = \frac{\cos \alpha_2 - \cos \alpha_1}{\sin \alpha_2 - \sin \alpha_1} ,$$

$$f_4 (\alpha_{1,2}) = \frac{\alpha_2 - \alpha_1}{\sin \alpha_2 - \sin \alpha_1} ,$$

$$\begin{aligned} \int_{\alpha_1}^{\alpha_2} dN &= K \int_{\alpha_1}^{\alpha_2} [r_C\, (- \cot \varphi \cos \alpha - \sin \alpha) - r_D]\, d\alpha \\ &= K \left[- r_C \cot \varphi \int_{\alpha_1}^{\alpha_2} \cos \alpha\, d\alpha - r_C \int_{\alpha_1}^{\alpha_2} \sin \alpha\, d\alpha - r_D \int_{\alpha_1}^{\alpha_2} d\alpha \right] . \end{aligned}$$

$$= K\,[-r_C \cot\varphi\,(\sin\alpha_2 - \sin\alpha_1) + r_C\,(\cos\alpha_2 - \cos\alpha_1) - r_D\,(\alpha_2 - \alpha_1)]$$

$$= K\,(\sin\alpha_2 - \sin\alpha_1)\left[-r_C \cot\varphi + r_C \frac{\cos\alpha_2 - \cos\alpha_1}{\sin\alpha_2 - \sin\alpha_1} - r_D \frac{\alpha_2 - \alpha_1}{\sin\alpha_2 - \sin\alpha_1}\right]$$

$$= K\,(\sin\alpha_2 - \sin\alpha_1)\,[-r_C \cot\varphi + r_C f_3(\alpha_{1,2}) - r_D f_4(\alpha_{1,2})]\,,$$

$$\int_{\alpha_1}^{\alpha_2} dN \cos\alpha = K \int_{\alpha_1}^{\alpha_2} [r_C\,(-\cot\varphi\cos\alpha - \sin\alpha) - r_D] \cos\alpha\,d\alpha$$

$$= K\left[-r_C \cot\varphi \int_{\alpha_1}^{\alpha_2} \cos^2\alpha\,d\alpha - r_C \int_{\alpha_1}^{\alpha_2} \sin\alpha\cos\alpha\,d\alpha - r_D \int_{\alpha_1}^{\alpha_2} \cos\alpha\,d\alpha\right]$$

$$= K\left[-r_C \cot\varphi \left.\frac{\sin 2\alpha + 2\alpha}{4}\right|_{\alpha_1}^{\alpha_2} - r_C \left.\frac{\sin^2\alpha}{2}\right|_{\alpha_1}^{\alpha_2} - r_D \sin\alpha \Big|_{\alpha_1}^{\alpha_2}\right]$$

$$= K\left[-r_C \cot\varphi \frac{\sin 2\alpha_2 - \sin 2\alpha_1 + 2\,(\alpha_2 - \alpha_1)}{4} - r_C \frac{\sin^2\alpha_2 - \sin^2\alpha_1}{2} - r_D\,(\sin\alpha_2 - \sin\alpha_1)\right]$$

$$= K\,(\sin\alpha_2 - \sin\alpha_1)\cdot$$

$$\cdot\left[-r_C \cot\varphi \frac{\sin 2\alpha_2 - \sin 2\alpha_1 + 2\,(\alpha_2 - \alpha_1)}{4\,(\sin\alpha_2 - \sin\alpha_1)} - r_C \frac{\sin^2\alpha_2 - \sin^2\alpha_1}{2\,(\sin\alpha_2 - \sin\alpha_1)} - r_D\right]$$

$$= K\,(\sin\alpha_2 - \sin\alpha_1)\cdot\left[-r_C \cot\varphi\, f_1(\alpha_{1,2}) - r_C \frac{\sin\alpha_1 + \sin\alpha_2}{2} - r_D\right],$$

$$\int_{\alpha_1}^{\alpha_2} dN \sin\alpha = K \int_{\alpha_1}^{\alpha_2} [r_C\,(-\cot\varphi\cos\alpha - \sin\alpha) - r_D] \sin\alpha\,d\alpha$$

$$= K\left[-r_C \cot\varphi \int_{\alpha_1}^{\alpha_2} \sin\alpha\cos\alpha\,d\alpha - r_C \int_{\alpha_1}^{\alpha_2} \sin^2\alpha\,d\alpha - r_D \int_{\alpha_1}^{\alpha_2} \sin\alpha\,d\alpha\right]$$

$$= K\left[-r_C \cot\varphi \left.\frac{\sin^2\alpha}{2}\right|_{\alpha_1}^{\alpha_2} - r_C \left.\frac{-\sin 2\alpha + 2\alpha}{4}\right|_{\alpha_1}^{\alpha_2} + r_D \cos\alpha \Big|_{\alpha_1}^{\alpha_2}\right]$$

$$= K\left[-r_C \cot\varphi \frac{\sin^2\alpha_2 - \sin^2\alpha_1}{2} - r_C \frac{-(\sin 2\alpha_2 - \sin 2\alpha_1) + 2\,(\alpha_2 - \alpha_1)}{4} + r_D\,(\cos\alpha_2 - \cos\alpha_1)\right]$$

$$= K\,(\sin\alpha_2 - \sin\alpha_1)\cdot$$

$$\cdot\left[-r_C \cot\varphi \frac{\sin\alpha_1 + \sin\alpha_2}{2} - r_C \frac{-(\sin 2\alpha_2 - \sin 2\alpha_1) + 2\,(\alpha_2 - \alpha_1)}{4\,(\sin\alpha_2 - \sin\alpha_1)} + r_D \frac{\cos\alpha_2 - \cos\alpha_1}{\sin\alpha_2 - \sin\alpha_1}\right]$$

$$= K\,(\sin\alpha_2 - \sin\alpha_1)\cdot$$

$$\cdot\left[-r_C \cot\varphi \frac{\sin\alpha_1 + \sin\alpha_2}{2} - r_C f_2\,(\alpha_{1,2}) + r_D f_3\,(\alpha_{1,2})\right].$$

Die Integrale werden in Gleichung (27a) eingesetzt:

$$S \cdot h - a_0 K\,(\sin\alpha_2 - \sin\alpha_1)\left[-r_C \cot\varphi\, f_1(\alpha_{1,2}) - r_C \frac{\sin\alpha_1 + \sin\alpha_2}{2} - r_D\right]$$

$$\pm \mu\, r\, K\,(\sin\alpha_2 - \sin\alpha_1)\,[-r_C \cot\varphi + r_C f_3(\alpha_{1,2}) - r_D f_4(\alpha_{1,2})]$$

$$\mp \mu\, a_0 K\,(\sin\alpha_2 - \sin\alpha_1)\cdot\left[-r_C \cot\varphi \frac{\sin\alpha_1 + \sin\alpha_2}{2} - r_C f_2(\alpha_{1,2}) + r_D f_3(\alpha_{1,2})\right] = 0\,.$$

Die Glieder mit den Koeffizienten $r_C \cot \varphi$, r_C, r_D werden jeweils zusammengefaßt:

$$S \cdot h - K(\sin \alpha_2 - \sin \alpha_1)\, r_C \cot \varphi \left[- a_0 f_1(\alpha_{1,2}) \pm \mu r \mp \mu a_0 \frac{\sin \alpha_1 + \sin \alpha_2}{2}\right]$$

$$+ K(\sin \alpha_2 - \sin \alpha_1)\, r_C \left[a_0 \frac{\sin \alpha_1 + \sin \alpha_2}{2} + \mu r f_3(\alpha_{1,2}) + \mu a_0 f_2(\alpha_{1,2})\right]$$

$$+ K(\sin \alpha_2 - \sin \alpha_1)\, r_D [a_0 \mp \mu r f_4(\alpha_{1,2}) \mp \mu a_0 f_5(\alpha_{1,2})] = 0\,.$$

Wird das Ergebnis $\int dN$ in Gleichung (26) eingeführt, dann wird die Umfangskraft zu

$$U = \mu K(\sin \alpha_2 - \sin \alpha_1)\, [- r_C \cot \varphi + r_C f_3(\alpha_{1,2}) - r_D f_4(\alpha_{1,2})]$$

$$\frac{U}{\mu K(\sin \alpha_2 - \sin \alpha_1)\, r_C} = - \cot \varphi + f_3(\alpha_{1,2}) - \frac{r_D}{r_C} f_4(\alpha_{1,2})$$

$$- \cot \varphi = \frac{U}{\mu K r_C (\sin \alpha_2 - \sin \alpha_1)} - f_3(\alpha_{1,2}) + \frac{r_D}{r_C} f_4(\alpha_{1,2})\,. \qquad (26\text{a})$$

(26a) wird in das letzte Ergebnis (27a) eingesetzt:

$$S \cdot h + K(\sin \alpha_2 - \sin \alpha_1)\, r_C \left[\frac{U}{\mu K r_C (\sin \alpha_2 - \sin \alpha_1)} - f_3(\alpha_{1,2}) + \frac{r_D}{r_C} f_4(\alpha_{1,2})\right] \cdot$$

$$\cdot \left[- a_0 f_1(\alpha_{1,2}) \pm \mu r \mp \mu a_0 \frac{\sin \alpha_1 + \sin \alpha_2}{2}\right]$$

$$+ K(\sin \alpha_2 - \sin \alpha_1)\, r_C \left[a_0 \frac{\sin \alpha_1 + \sin \alpha_2}{2} \pm \mu r f_3(\alpha_{1,2}) \pm \mu a_0 f_2(\alpha_{1,2})\right]$$

$$+ K(\sin \alpha_2 - \sin \alpha_1)\, r_D [a_0 \mp \mu r f_4(\alpha_{1,2}) \mp \mu a_0 f_5(\alpha_{1,2})] = 0\,,$$

$$S \cdot h \frac{U}{\mu} \left(- a_0 f_1(\alpha_{1,2}) \pm \mu r \mp \mu a_0 \frac{\sin \alpha_1 + \sin \alpha_2}{2}\right)$$

$$+ K(\sin \alpha_2 - \sin \alpha_1)\, r_C \left[a_0 \frac{\sin \alpha_1 + \sin \alpha_2}{2} \pm \mu r f_3(\alpha_{1,2}) \pm \mu a_0 f_2(\alpha_{1,2})\right.$$

$$\left. - f_3(\alpha_{1,2}) \left[- a_0 f_1(\alpha_{1,2}) \pm \mu r \mp \mu a_0 \frac{\sin \alpha_1 + \sin \alpha_2}{2}\right]\right]$$

$$+ K(\sin \alpha_2 - \sin \alpha_1)\, r_D \left[a_0 \mp \mu r f_4(\alpha_{1,2}) \mp \mu a_0 f_5(\alpha_{1,2})\right.$$

$$\left. + f_4(\alpha_{1,2}) \left[- a_0 f_1(\alpha_{1,2}) \pm \mu r \mp \mu a_0 \frac{\sin \alpha_1 + \sin \alpha_2}{2}\right]\right] = 0\,.$$

Die Gleichung wird mit $\frac{\mu}{S \cdot r}$ multipliziert und vereinfacht:

$$\frac{\mu h}{r} + \frac{U}{S}\left[- \frac{a_0}{r} f_1(\alpha_{1,2}) \pm \mu \left[1 - \frac{a_0}{2r}(\sin \alpha_1 + \sin \alpha_2)\right]\right]$$

$$+ \frac{\mu K}{S}(\sin \alpha_2 - \sin \alpha_1) \left[r_C \left[\frac{a_0}{r}\left(\frac{\sin \alpha_1 + \sin \alpha_2}{2} + f_1(\alpha_{1,2}) f_3(\alpha)_{1,2}\right)\right.\right.$$

$$\left.\pm \mu \frac{a_0}{r}\left(f_2(\alpha_{1,2}) + f_3(\alpha_{1,2}) \frac{\sin \alpha_1 + \sin \alpha_2}{2}\right)\right]$$

$$\left. + r_D \left[\frac{a_0}{r}(1 - f_1(\alpha_{1,2}) f_4(\alpha_{1,2})) \mp \mu \frac{a_0}{r}\left(f_5(\alpha_{1,2}) + f_4(\alpha_{1,2}) \frac{\sin \alpha_1 + \sin \alpha_2}{2}\right)\right]\right] = 0\,,$$

$$\frac{U}{S} = \frac{\mu \frac{h}{r} + Z}{\frac{a_0}{r} f_1(\alpha_{1,2}) \mp \mu \left[1 - \frac{a_0}{2r}(\sin \alpha_1 + \sin \alpha_2)\right]}\,. \qquad (27\text{b})$$

Dabei ist das Zusatzglied

$$Z = \frac{K}{S} \frac{a_0}{r} (\sin \alpha_2 - \sin \alpha_1) \cdot$$
$$\cdot \left[r_C \left[\frac{\sin \alpha_1 + \sin \alpha_2}{2} + f_1(\alpha_{1,2}) f_3(\alpha_{1,2}) \pm \mu \left(f_2(\alpha_{1,2}) + f_3(\alpha_{1,2}) \frac{\sin \alpha_1 + \sin \alpha_2}{2} \right) \right] \right.$$
$$\left. + r_D \left[1 - f_1(\alpha_{1,2}) f_4(\alpha_{1,2}) \mp \mu \left(f_3(\alpha_{1,2}) + f_4(\alpha_{1,2}) \frac{\sin \alpha_1 + \sin \alpha_2}{2} \right) \right] \right]. \tag{28}$$

Vereinfacht durch folgende Abkürzungen

$$F_1 = \sin \alpha_2 - \sin \alpha_1 ,$$
$$F_2 = f_2(\alpha_{1,2}) + f_3(\alpha_{1,2}) \frac{\sin \alpha_1 + \sin \alpha_2}{2} ,$$
$$F_3 = f_3(\alpha_{1,2}) + f_4(\alpha_{1,2}) \frac{\sin \alpha_1 + \sin \alpha_2}{2} ,$$
$$E_1 = f_1(\alpha_{1,2}) f_3(\alpha_{1,2}) + \frac{\sin \alpha_1 + \sin \alpha_2}{2} ,$$
$$E_2 = 1 - f_1(\alpha_{1,2}) f_4(\alpha_{1,2}) ,$$

wird Gleichung (28) zu

$$Z = \frac{K}{S} \frac{a_0}{r} \mu F_1 [r_C (E_1 \pm \mu F_2) + r_D (E_2 \mp \mu F_3)] . \tag{28a}$$

Das Ergebnis kann mit der üblichen Berechnungsart ohne weiteres verglichen werden, da es sich nur durch das Zusatzglied Z unterscheidet. $Z = 0$ tritt aber ein, wenn $r_C = 0$ und $r_D = 0$ werden, wobei in r_D und r_C sämtliche Temperatureinflußgrößen enthalten sind. Neben diesem Vergleich ist außerdem interessant, daß das Zusatzglied eine Funktion der Spannkraft ist. Da für die Selbsthemmungsgrenze der Nenner gleich Null gesetzt wird, dieser aber die gleiche Form behalten hat, so ändert sich an der Selbsthemmungsgrenze so lange nichts, wie die konstruktiv vorgegebenen Belagwinkelwerte erhalten bleiben.

Sollen nur die Fertigungsabweichungen berücksichtigt werden, so sind diese einzuführen. Dabei wird für

$$r_C - \frac{a_0}{r} (\Delta r_B - \Delta r_A)$$

und

$$r_D = \Delta r_T - \Delta r_B$$

eingesetzt. Hierbei sind die Δ-Werte die jeweiligen Fertigungsabweichungen vom vorgeschriebenen Nennwert, und das Zusatzglied ist dann

$$Z = \frac{K}{S} \frac{a_0}{r} \mu F_1 \left[\frac{a_0}{r} (\Delta r_B - \Delta r_A) (E_1 \pm \mu F_2) + (\Delta r_T - \Delta r_B) (E_2 \mp F_3) \right].$$

4.2 *Übersicht zu den auftretenden Betriebsbereichen*

Die verschiedenen Möglichkeiten der Betriebsbereiche sollen danach unterschieden werden, wie die konstruktiv vorgesehenen Belagwinkel effektiv ausgenutzt werden. Dadurch kann grundsätzlich in vier Bereiche eingeteilt werden.

a) Der gesamte konstruktiv vorgesehene Belagumschlingungswinkel trägt an der Trommel.
b) Der Belagumschlingungswinkel wird am α_2-Ende beschnitten.

c) Der Belagumschlingungswinkel wird an beiden Enden beschnitten.
d) Der Belagumschlingungswinkel wird am α_1-Ende beschnitten.

Der allgemeine Fall ist im Bild 4.21 dargestellt. Dabei sind α_1 und α_2 die Belagwinkel, φ der Winkel maximaler Pressung, α_{1n} und α_{2n} die Winkel, bei denen der Druck zu null wird. In der Tafel sind die Bedingungen für die einzelnen Betriebsbereiche zusammengestellt.

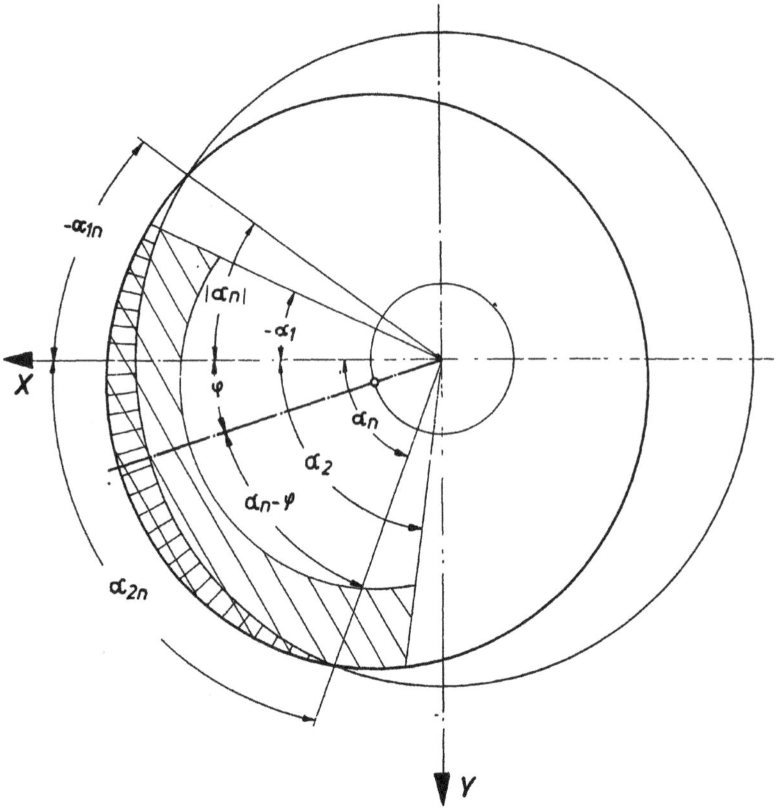

a	b	c	d
ohne Beschneidung	α_2-Ende beschnitten	beidseitig beschnitten	α_1-Ende beschnitten
$\alpha_{1n} = \alpha_1$	$\alpha_{1n} = \alpha_1$	$\alpha_{1n} \geq \alpha_1$	$\alpha_{1n} \geq \alpha_1$
$\alpha_{2n} \geq \alpha_2$	$\alpha_{2n} = \alpha_2$	$\alpha_{2n} \leq \alpha_2$	$\alpha_{2n} \geq \alpha_2$
$\alpha_{2n} = \alpha_n$		$\alpha_{1n} = 2\varphi - \alpha_n$	

Bild 4.21

Werden φ und α_n als Koordinaten benutzt, so kann α_{1n} als Parameter eingezeichnet werden. Es ergibt sich dann die Darstellung im Bild 4.22. Der Geradenzug 4-5-6-7-8-9-4 stellt den gesamten Betriebsbereich dar. Die Grenze 4-5 oder $\varphi = -90°$ ergibt sich daraus, daß

$$\sin(-\varphi) \leqq 1 \geqq \frac{r_C}{m + r_D}$$

sein muß. Ist aber $r_C \leqq m + r_D$, dann ist $\varphi \leqq 90°$. Analog steht es mit der Grenze 6-7. Die Grenzgerade 5-6 stellt das maximale α_n dar, wenn sich φ von -90 bis $+90°$ bewegt. Die Gerade 8-9 stellt den Grenzfall dar, wenn der Gesamtumschlingungswinkel Null wird, d. h. $\varphi = \alpha_n$. Außerdem kann α_n nicht kleiner als α_1 werden, was zur Geraden 9-4 führt, und α_{1n} kann nicht größer als α_2 werden, so daß $\alpha_{1n} = \alpha_2$ die Grenzlinie 7-8 bestimmt. Es wurden die Werte der benutzten Versuchsbacke eingesetzt ($\alpha_1 = -46{,}7°$; $\alpha_2 = 69{,}3°$).

Betriebsbereich mit Beschneidungsgrenzen

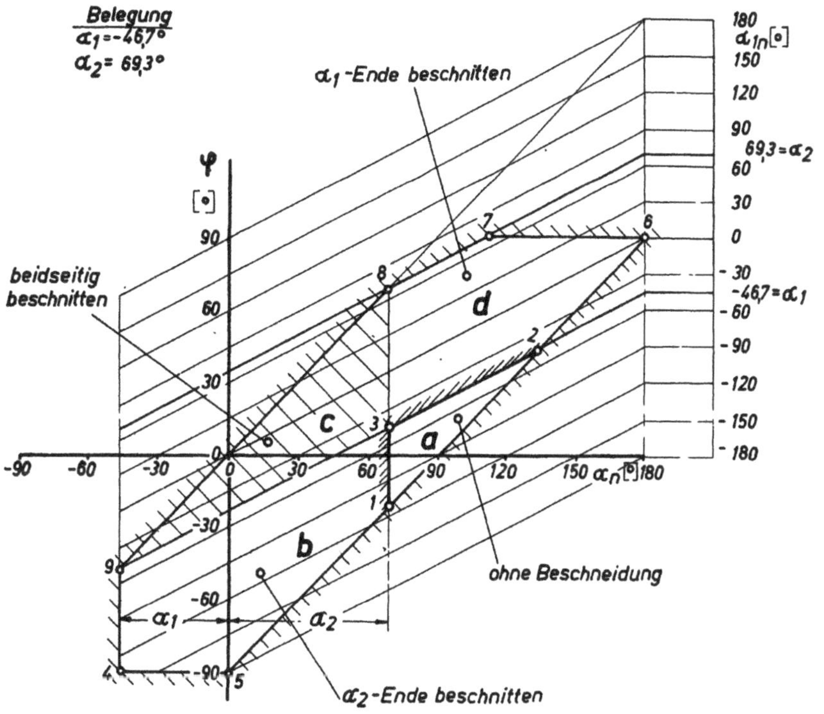

1 - 2	2 - 3	3 - 1
$\varphi = \alpha_n - 90$ $\alpha_{1n} = \alpha_n - 180.$	$\varphi = \frac{\alpha_n + \alpha_1}{2} = \frac{\alpha_n}{2} - 23{,}35$ $\alpha_{1n} = \alpha_1 = -46{,}7$	$\varphi = \frac{\alpha_2 + \alpha_{1n}}{2}$ $\alpha_n = \alpha_2 = 69{,}3$
4 - 5	**5 - 6**	**6 - 7**
$\varphi = -90$ $\alpha_{1n} = -\alpha_n - 180$	$\varphi = \alpha_n - 90$ $\alpha_{1n} = \alpha_n - 180$	$\varphi = 90$ $\alpha_{1n} = -\alpha_n + 180$
7 - 8	**8 - 9**	**9 - 4**
$\varphi = \frac{\alpha_n + \alpha_2}{2} = \frac{\alpha_n}{2} + 34{,}65$ $\alpha_{1n} = \alpha_2 = 69{,}3$	$\varphi = \alpha_n$ $\alpha_{1n} = \alpha_n$	$\varphi = \frac{\alpha_{1n} + \alpha_1}{2} = \frac{\alpha_{1n}}{2} - 23{,}35$ $\alpha_n = \alpha_1 = -46{,}7$

Bild 4.22

Die Bedingungen für die einzelnen Grenzgeraden sind in der Tafel des Bildes 4.22 zusammengestellt.

Weiterhin teilen die Geraden $\alpha_n = \alpha_2$ und $\alpha_{1n} = \alpha_1$ das Feld in vier Bereiche, die den o. a. entsprechen.

Betriebsbereich a) $\triangleq$ dem Geradenzug 1-2-3-1
b) $\triangleq$ dem Geradenzug 1-3-9-4-5-1
c) $\triangleq$ dem Geradenzug 3-8-9-3
d) $\triangleq$ dem Geradenzug 6-7-8-3-2-6.

Die Betriebsbereiche lassen sich auch darstellen, in dem $\varphi = f\left(\frac{r_D}{r_C}\right)$ gebildet wird. Mit Gleichung (16) und (18),

$$n = -r_D + (r_D + m)\cos(\alpha - \varphi)\,, \tag{16}$$

$$r_D + m = -\frac{r_C}{\sin\varphi}\,, \tag{18}$$

ergibt sich

$$n = -r_D - \frac{r_C}{\sin\varphi}\cos(\alpha - \varphi)$$

$$n = -r_D - \frac{r_C}{\sin\varphi}(\cos\alpha\cos\varphi + \sin\alpha\sin\varphi)$$

$$n = -r_D - r_C(\cos\alpha\cot\varphi + \sin\alpha)\,.$$

Wird $n = 0$ und damit $\alpha = \alpha_n$, so wird

$$\left.\begin{aligned} 0 &= -r_D - r_C(\cos\alpha_n\cot\varphi + \sin\alpha_n) \\ \frac{r_D}{r_C} &= -\cos\alpha_n\cot\varphi - \sin\alpha_n \\ -\cot\varphi &= \frac{\frac{r_D}{r_C} + \sin\alpha_n}{\cos\alpha_n}\,. \end{aligned}\right\} \tag{16d}$$

Setzt man für α_n die Bedingungen aus der Tafel 4.22 von α_n bzw. α_{1n} ein, so ergeben sich die Grenzkurven im Bild 4.23.

Damit liegt der gesamte Betriebsbereich, für den die Berechnung Gültigkeit besitzt, fest.

4.3 *Wege zur Bestimmung des Zusatzgliedes und des Betriebsreibbeiwertes unter dem Einfluß der Wärmedehnung*

Liegt keine Beschneidung der Belagwinkel vor, was dem o. a. Fall a) entspricht, ist die Bestimmung des Zusatzgliedes Z verhältnismäßig einfach. Aus Gleichung (27b) und (28a) ist zu ersehen, daß $\frac{U}{S} = f(\mu, S, r_D, r_C)$ ist. U; S; r_D und r_C sind Größen, die aus Meßwerten und Konstanten bestehen bzw. errechnet werden. Für den jeweils vorliegenden thermischen Zustand, der durch r_D und r_C bestimmt ist, wird das Zusatzglied Z für mindestens drei μ-Werte ermittelt. Dabei ist darauf zu achten, daß der Betriebsreibbeiwert von den gewählten μ-Werten eingeschlossen wird. $\mu\frac{h}{r}$ und auch der Nenner des Verhältnisses von Umfangskraft zu Spannkraft sind linear vom Reibbeiwert abhängig und deshalb schnell bestimmbar. Es ergeben sich dann mindestens drei $\frac{U}{S}$-Werte für die jeweils angenommene μ-Größe, die über dem Reibbeiwert aufgetragen werden.

Das aus der Messung gefundene Verhältnis $\left(\frac{U}{S}\right)_M$ wird in die Kurve eingetragen und bringt den gesuchten Betriebsreibbeiwert μ_ϑ, der unter dem Einfluß der Wärmedehnung ermittelt werden soll.

Für den Fall b), der der Winkelbeschneidung auf der α_2-Seite entspricht, ist die Auswertung schwieriger. Da dieser Betriebsbereich bei den praktischen Versuchen am häufigsten auftrat, soll dieser Weg näher beschrieben werden.

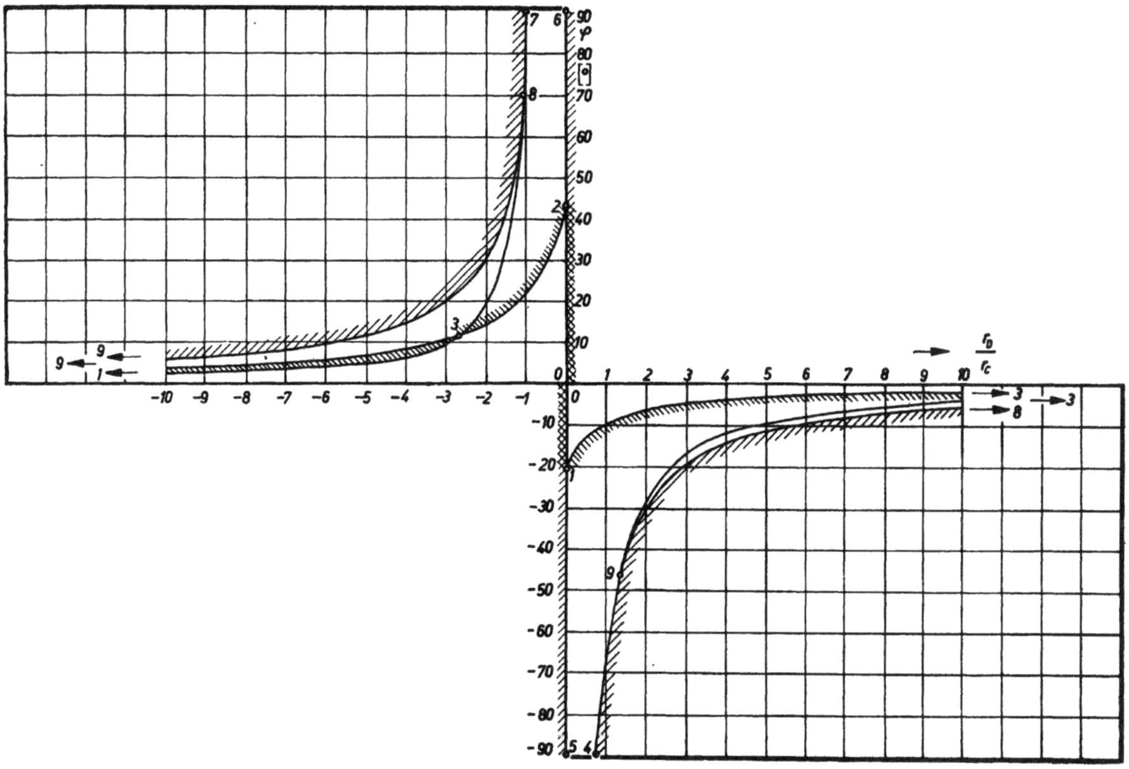

Bild 4.23

Unter den Bedingungen der Wärmedehnung wird $\frac{U}{S}$ einmal durch die Variablen, die in Z enthalten sind, und bei auftretender Winkelbeschneidung außerdem im Nenner geändert.

Zuerst soll die Ermittlung von Z dargestellt werden. Das Zusatzglied ist hier

$$Z = f(\mu, S, r_D, r_C, \alpha_n)\,.$$

Da die Spannkraft S und die Temperaturgrößen r_D und r_C gemessen werden, bleiben die Größen μ und α_n als Unbekannte übrig. Dabei ist $\alpha_n = f(\mu)$.

α_n läßt sich aber nicht explizit darstellen, wie aus folgenden Gleichungen zu ersehen ist. Aus (27b) ist zu erkennen, daß

$$\frac{U}{S} = f(\mu, \alpha_n) \tag{27b}$$

ist.

Unter den Bedingungen $n = 0$ und $\alpha_2 \geqq \alpha_n$ ergibt sich aus Gleichung (16) und (18), wie oben angeführt, Gleichung (16d)

$$-\cot\varphi = \left(\frac{r_D}{r_C} + \sin\alpha_n\right)\frac{1}{\cos\alpha_n}. \tag{16d}$$

Für $-\cot\varphi$ kann aber die Form der Gleichung (26a) eingesetzt werden:

$$-\cot\varphi = \frac{U}{\mu K r_C (\sin\alpha_2 - \sin\alpha_1)} - f_3(\alpha_{1,2}) + \frac{r_D}{r_C} f_4(\alpha_{1,2}).$$

Ist auch hier die Bedingung $\alpha_2 \geqq \alpha_n$ erfüllt, so kann (16d) und (26a) gleichgesetzt werden:

$$\frac{U}{\mu K r_C (\sin\alpha_n - \sin\alpha_1)} - f_3(\alpha_{1,n}) + \frac{r_D}{r_C} f_4(\alpha_{1,n}) = \left(\frac{r_D}{r_C} + \sin\alpha_n\right)\frac{1}{\cos\alpha_n}.$$

Durch Einsetzen der Abkürzungen wird umgeformt

$$\left.\begin{aligned}
&\frac{U}{\mu K r_C} - (\cos\alpha_n - \cos\alpha_1) + \frac{r_D}{r_C}(\alpha_n - \alpha_1) - \left(\frac{r_D}{r_C} + \sin\alpha_n\right)\frac{\sin\alpha_n - \sin\alpha_1}{\cos\alpha_n} = 0\\
&\frac{U}{\mu K r_C} + \cos\alpha_1 + \frac{r_D}{r_C}\left[\alpha_n - \alpha_1 - \frac{\sin\alpha_n - \sin\alpha_1}{\cos\alpha_n}\right] - \cos\alpha_n + \frac{-\sin^2\alpha_n + \sin\alpha_1\sin\alpha_n}{\cos\alpha_n} = 0\\
&\frac{U}{\mu K r_C} + \cos\alpha_1 - \frac{r_D}{r_C}\left[-(\alpha_n - \alpha_1) + \frac{\sin\alpha_n - \sin\alpha_1}{\cos\alpha_n}\right] + \frac{-1 + \sin\alpha_1\sin\alpha_n}{\cos\alpha_n} = 0\\
&\frac{U}{\mu K r_C} = \frac{r_D}{r_C}\left[-(\alpha_n - \alpha_1) + \frac{\sin\alpha_n - \sin\alpha_1}{\cos\alpha_n}\right] - \cos\alpha_1 + \frac{1 - \sin\alpha_1\sin\alpha_n}{\cos\alpha_n}.
\end{aligned}\right\} \tag{29}$$

Gleichung (29) ist im Bild 4.31 dargestellt, wobei $\frac{U}{\mu K r_C} = f(\alpha_n)$ ist und $\frac{r_D}{r_C}$ als Parameter dient.

Die Werte ergeben sich für den speziellen Fall der untersuchten Bremse.

Es ist also notwendig, daß ein μ-Wert vorgegeben wird. Daraus läßt sich der zugehörige Grenzwinkel α_n bestimmen. Mit diesem Wert kann man in das Diagramm (Bild 4.32) gehen, das aus der Gleichung (28a) entstanden ist:

$$Z = \frac{K}{S}\frac{a_0}{r} r_C \mu F_1\left[E_1 \pm \mu F_2 + \frac{r_D}{r_C}(E_2 \mp \mu F_3)\right]. \tag{28a}$$

Für die eingeführten Abkürzungen gilt unter Berücksichtigung von $\alpha_2 \geqq \alpha_n$:

$$F_1 = \sin\alpha_n - \sin\alpha_1,$$

$$F_2 = f_2(\alpha_{1,n}) + f_3(\alpha_{1,n})\frac{\sin\alpha_1 + \sin\alpha_n}{2},$$

$$F_3 = f_3(\alpha_{1,n}) + f_4(\alpha_{1,n})\frac{\sin\alpha_1 + \sin\alpha_n}{2},$$

$$E_1 = f_1(\alpha_{1,n}) f_3(\alpha_{1,n}) + \frac{\sin\alpha_1 + \sin\alpha_n}{2},$$

$$E_2 = 1 - f_1(\alpha_{1,n}) f_4(\alpha_{1,n}).$$

Gleichung (28a) läßt sich auch schreiben

$$\frac{Z \cdot S}{K \frac{a_0}{r} r_C} = \mu F_1 (E_1 \pm \mu F_2) + \mu F_1 \frac{r_D}{r_C}(E_2 \mp \mu F_3).$$

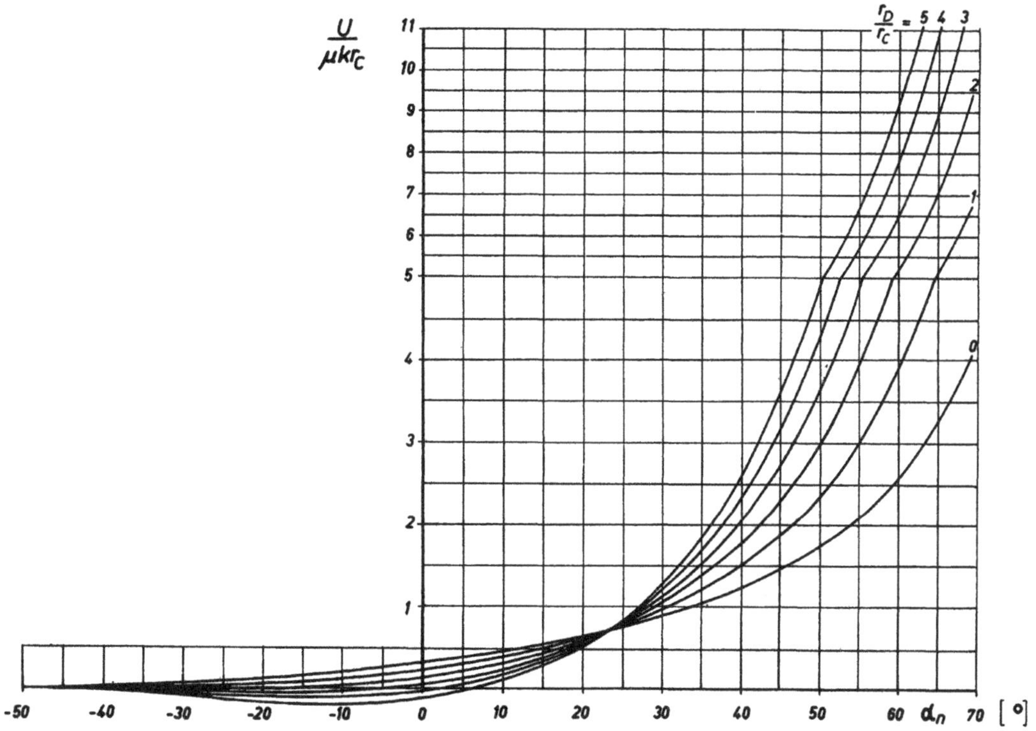

Bild 4.31

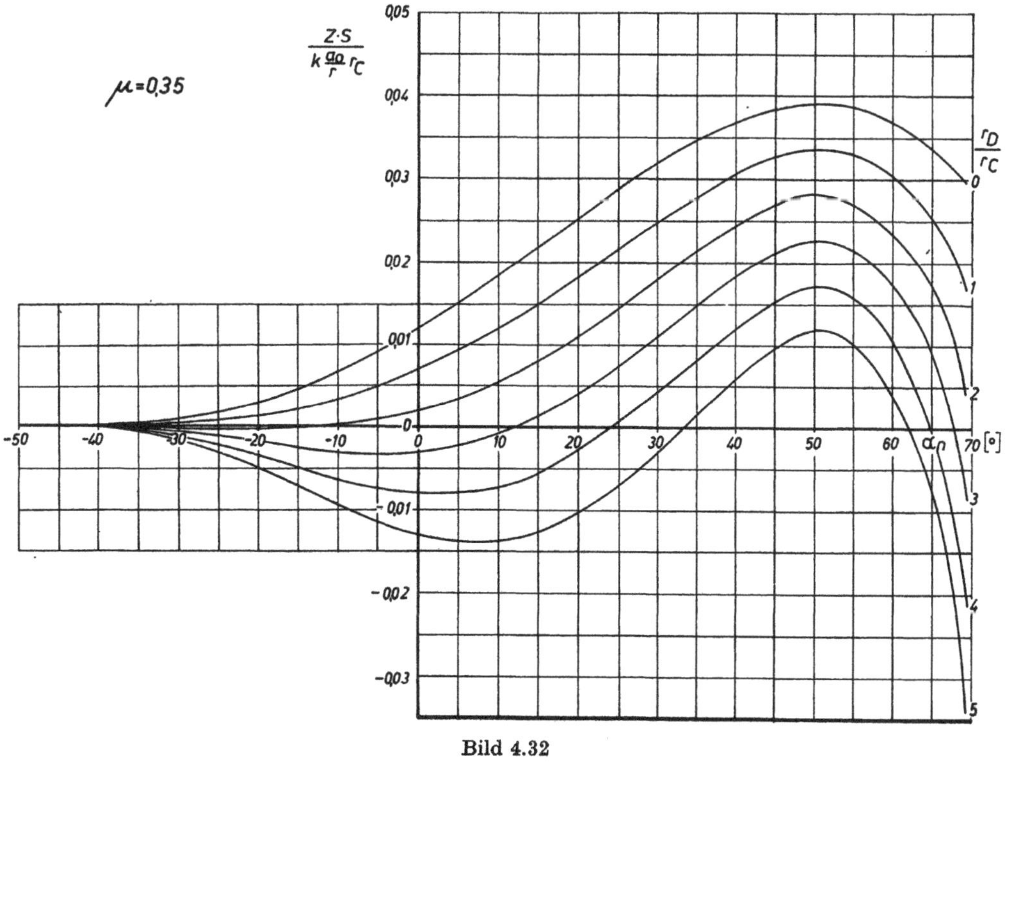

Bild 4.32

Es läßt sich mit dem aus Bild 4.31 gewonnenen α_n-Wert der für die angenommene μ-Größe zugehörige Wert $\frac{Z \cdot S}{K \frac{a_0}{r} r_C}$ entnehmen. Außerdem ist im Bild 4.33 der Nenner von Gleichung (27b) in Abhängigkeit von α_n aufgetragen, so daß sich auch rechnerisch $\frac{U}{S}$ für den Betriebszustand der Wärmedehnung und den angenommenen μ-Wert bestimmen läßt. Wird dieser

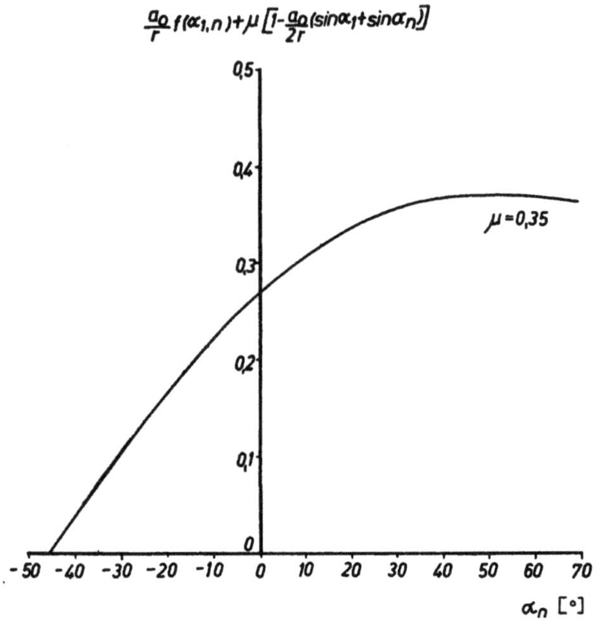

Bild 4.33

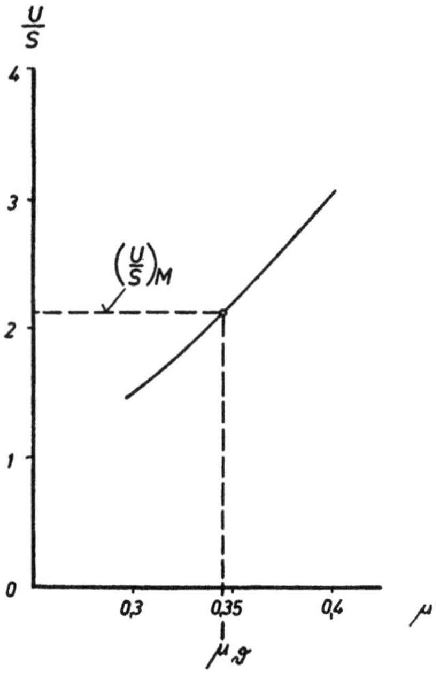

Bild 4.34

Auswertungsvorgang mit zwei weiteren Reibbeiwerten, die den zu ermittelnden Wert möglichst einschließen sollen, wiederholt, so kann ein Hilfsdiagramm $\left(\frac{U}{S}\right) = f(\mu)$ gezeichnet werden. In dieses wird das Verhältnis $\frac{U}{S}$, das sich aus den gemessenen Größen ergibt, eingetragen. Der Schnittpunkt bringt dann den unter Berücksichtigung der Wärmedehnung gefundenen Reibbeiwert μ_ϑ (Bild 4.34). Die in den Beispielen angeführten Kurven entsprechen denen der Auflaufbacke.

Die Auswertung für beiderseitige Beschneidung oder für die Beschneidung am α_1-Ende des Belages ist analog hierzu durchzuführen.

4.4 *Die Belagwinkel als Einflußgrößen des Zusatzgliedes*

Die Voraussetzung zu dieser Untersuchung ist, daß die Belagwinkel unter den vorhandenen Betriebsbedingungen erhalten bleiben.

Nach Gleichung (28a) ist

$$Z = \frac{K}{S} \frac{a_0}{r} \mu F_1 [r_C (E_1 \pm \mu F_2) + r_D (E_2 \mp \mu F_3)] . \tag{28a}$$

Dabei sind F_1, F_2, F_3, E_1 und E_2 Funktionen der Belagwinkel α_1 und α_2. Es interessiert also der Ausdruck

$$\frac{Z \cdot S}{\mu K \frac{a_0}{r} r_C} = F_1 \left[E_1 \pm \mu F_2 + \frac{r_D}{r_C} (E_3 \mp \mu F_3) \right]. \tag{28b}$$

Das Zusatzglied Z ist dem Ausdruck auf der rechten Seite der Gleichung (28b) proportional, der in Abhängigkeit von α_1 und α_2 für den Reibbeiwert $\mu = 0{,}3$ errechnet wurde.

Für das Verhältnis $\frac{r_D}{r_C}$ wurden die Werte 0, 1, 3, 5 eingesetzt.

Da α_1 bzw. α_2 nicht explizit zu erhalten sind, wurde über Hilfsdiagramme $Z \sim f(\alpha_2)$ und dem Parameter α_1 die Darstellung $\alpha_1 = f(\alpha_2)$ erreicht, wobei dann $Z = \text{const}$ auftritt.

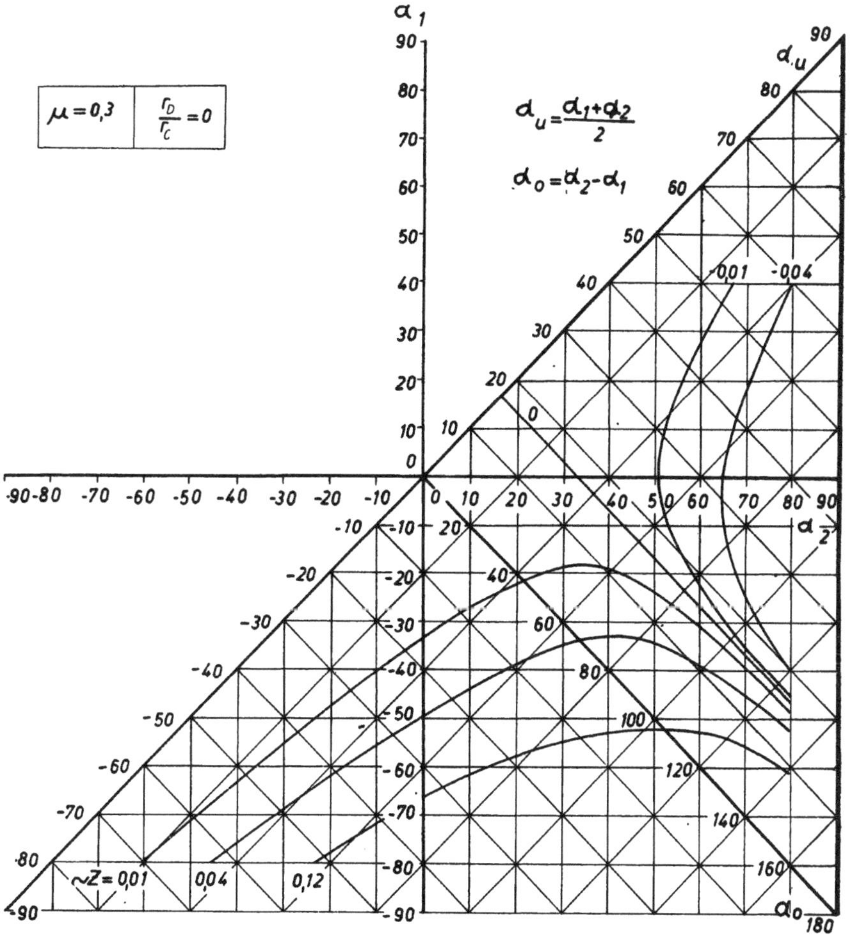

Bild 4.41. Auflaufbacke

In den Bildern 4.41—4.44 werden die Verhältnisse der auflaufenden Backe gezeigt. Interessant sind natürlich vor allem die Bedingungen, für die $Z = 0$ wird.

Der Sonderfall $\frac{r_D}{r_C} = 0$ und $Z = 0$ führt zu einem einfachen Ergebnis.

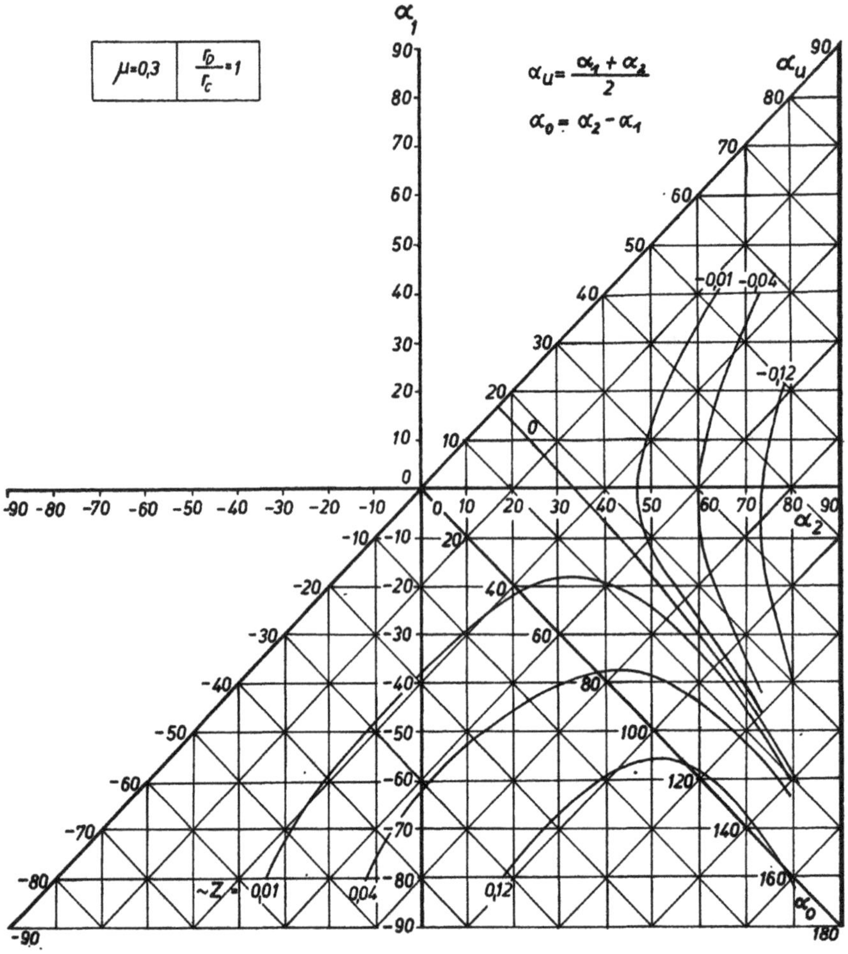

Bild 4.42. Auflaufbacke

Wird für den Gesamtumschlingungswinkel $\alpha_0 = \alpha_2 - \alpha_1$ und für den Unsymmetriewinkel $\alpha_u = \frac{\alpha_1 + \alpha_2}{2}$ eingeführt, so ergibt sich:

$$\alpha_0 = \alpha_2 - \alpha_1 \qquad\qquad \alpha_u = \frac{\alpha_1 + \alpha_2}{2}$$

$$\sin 2\,\alpha_2 - \sin 2\,\alpha_1 = 2 \sin (\alpha_2 - \alpha_1) \cos (\alpha_2 + \alpha_1) = 2 \sin \alpha_0 \cos 2\,\alpha_u$$

$$\sin \alpha_2 - \sin \alpha_1 = 2 \sin \frac{\alpha_2 - \alpha_1}{2} \cos \frac{\alpha_2 + \alpha_1}{2} = 2 \sin \frac{\alpha_0}{2} \cos \alpha_u$$

$$\sin \alpha_1 + \sin \alpha_2 = 2 \sin \frac{\alpha_2 + \alpha_1}{2} \cos \frac{\alpha_2 - \alpha_1}{2} = 2 \sin \alpha_u \cos \frac{\alpha_0}{2}$$

$$\cos \alpha_2 - \cos \alpha_1 = -\,2 \sin \frac{\alpha_2 + \alpha_1}{2} \sin \frac{\alpha_2 - \alpha_1}{2} = -\,2 \sin \alpha_u \sin \frac{\alpha_0}{2}\,.$$

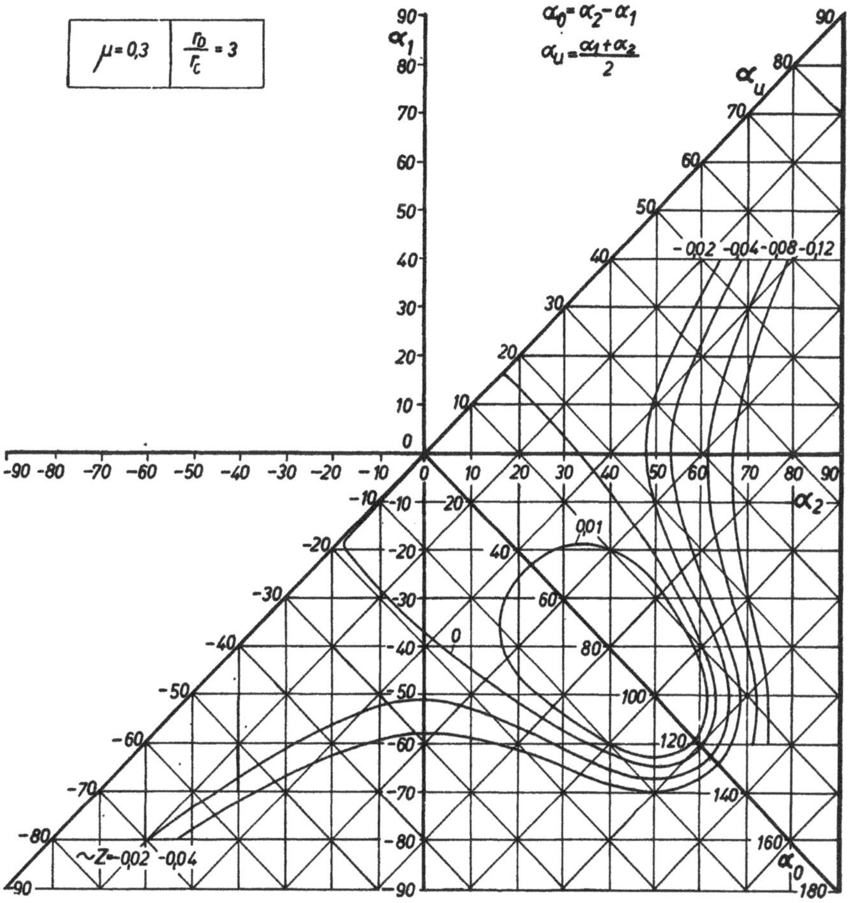

Bild 4.43. Auflaufbacke

Damit werden

$$f_1(\alpha_{1,2}) = \frac{\sin 2\alpha_2 - \sin 2\alpha_1 + 2(\alpha_2 - \alpha_1)}{4(\sin\alpha_2 - \sin\alpha_1)} = \frac{\alpha_0 + \sin\alpha_0 \cos 2\alpha_u}{4\sin\frac{\alpha_0}{2}\cos\alpha_u} = f_1(\alpha_{0,u}),$$

$$f_2(\alpha_{1,2}) = \frac{-(\sin 2\alpha_2 - \sin 2\alpha_1) + 2(\alpha_2 - \alpha_1)}{4(\sin\alpha_2 - \sin\alpha_1)} = \frac{\alpha_0 - \sin\alpha_0 \cos 2\alpha_u}{4\sin\frac{\alpha_0}{2}\cos\alpha_u} = f_2(\alpha_{0,u}),$$

$$f_3(\alpha_{1,2}) = \frac{\cos\alpha_2 - \cos\alpha_1}{\sin\alpha_2 - \sin\alpha_1} = \frac{-2\sin\alpha_u \sin\frac{\alpha_0}{2}}{2\sin\frac{\alpha_0}{2}\cos\alpha_u} = -\tan\alpha_u,$$

$$f_4(\alpha_{1,2}) = \frac{\alpha_2 - \alpha_1}{\sin\alpha_2 - \sin\alpha_1} = \frac{\alpha_0}{2\sin\frac{\alpha_0}{2}\cos\alpha_u} = f_4(\alpha_{0,u}),$$

$$\frac{\sin\alpha_1 + \sin\alpha_2}{2} = \sin\alpha_u \cos\frac{\alpha_0}{2},$$

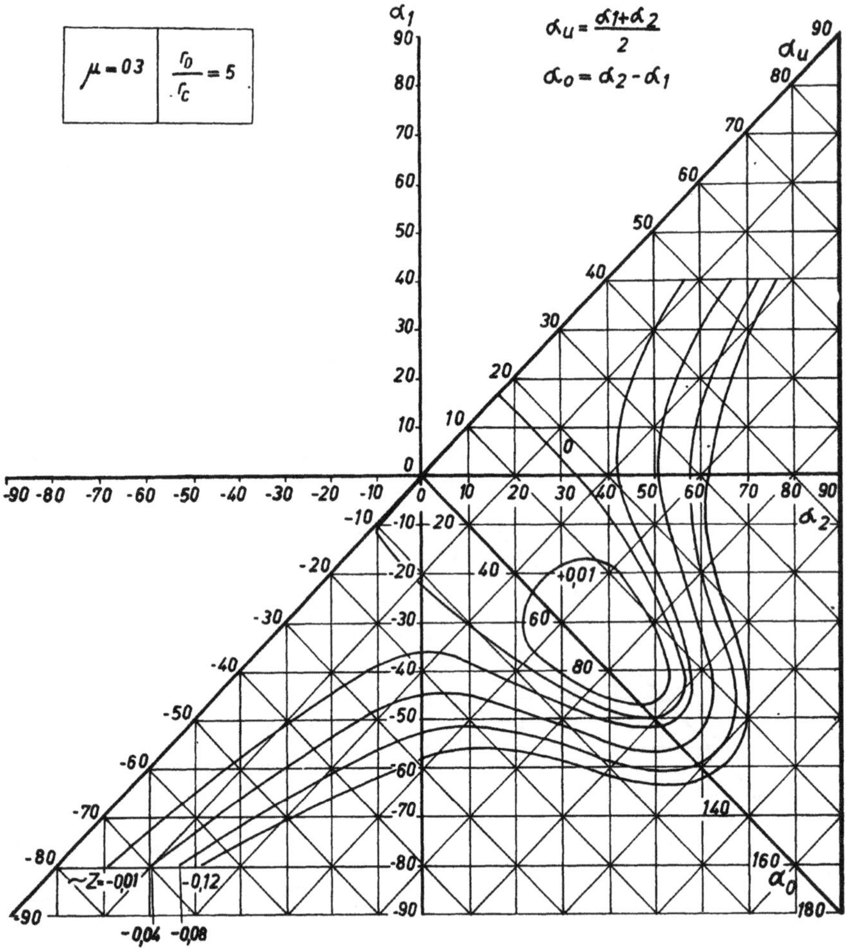

Bild 4.44. Auflaufbacke

$$F_1 = \sin \alpha_2 - \sin \alpha_1 = 2 \sin \frac{\alpha_0}{2} \cos \alpha_u ,$$

$$F_2 = f_2(\alpha_{1,2}) + f_3(\alpha_{1,2}) \frac{\sin \alpha_1 + \sin \alpha_2}{2} = \frac{\alpha_0 - \sin \alpha_0}{4 \sin \frac{\alpha_0}{2} \cos \alpha_u} ,$$

$$F_3 = f_3(\alpha_{1,2}) + f_4(\alpha_{1,2}) \frac{\sin \alpha_1 + \sin \alpha_2}{2} = \tan \alpha_u \left(\frac{\alpha_0}{2} \cot \frac{\alpha_0}{2} - 1 \right) ,$$

$$E_1 = f_1(\alpha_{1,2}) f_3(\alpha_{1,2}) + \frac{\sin \alpha_1 + \sin \alpha_2}{2} = \tan \alpha_u \frac{-\alpha_0 + \sin \alpha_0}{4 \sin \frac{\alpha_0}{2} \cos \alpha_u} ,$$

$$E_2 = 1 - f_1(\alpha_{1,2}) f_4(\alpha_{1,2}) = 1 - \frac{\alpha_0 (\alpha_0 + \sin \alpha_0 \cos 2 \alpha_u)}{8 \sin^2 \frac{\alpha_0}{2} \cos^2 \alpha_u} .$$

Mit $\frac{r_D}{r_C} = 0$ und $Z = 0$ wird Gleichung (28b) zu

$$\left.\begin{aligned} 0 &= E_1 \pm \mu F_2 \\ \pm \mu &= -\frac{E_1}{F_2} \\ \mu &= \mp \frac{\tan \alpha_u (-\alpha_0 + \sin \alpha_0)}{4 \sin \frac{\alpha_0}{2} \cos \alpha_u} \cdot \frac{4 \sin \frac{\alpha_0}{2} \cos \alpha_u}{\alpha_0 - \sin \alpha_0} \\ \mu &= \pm \tan \alpha_u . \end{aligned}\right\} \qquad (28c)$$

Damit liegt fest, daß für einen bestimmten Reibbeiwert μ, wenn $\frac{r_D}{r_C} = 0$ ist, die Kurve für $Z = 0$ eine Gerade ist. Weiterhin läßt sich nachweisen, daß der Schnittpunkt der Geraden mit der α_u-Achse ($\alpha_0 = 0$) auch für $\frac{r_D}{r_C} \neq 0$ erhalten bleibt. Jedoch ist die Kurve für $Z = 0$ keine Gerade mehr, wie aus den Bildern 4.42 bis 4.44 zu ersehen ist. Im Bild 4.45 sind die Kurven für die verschiedenen Temperatureinflüsse, bei denen $Z = 0$ ist, aufgetragen. Es

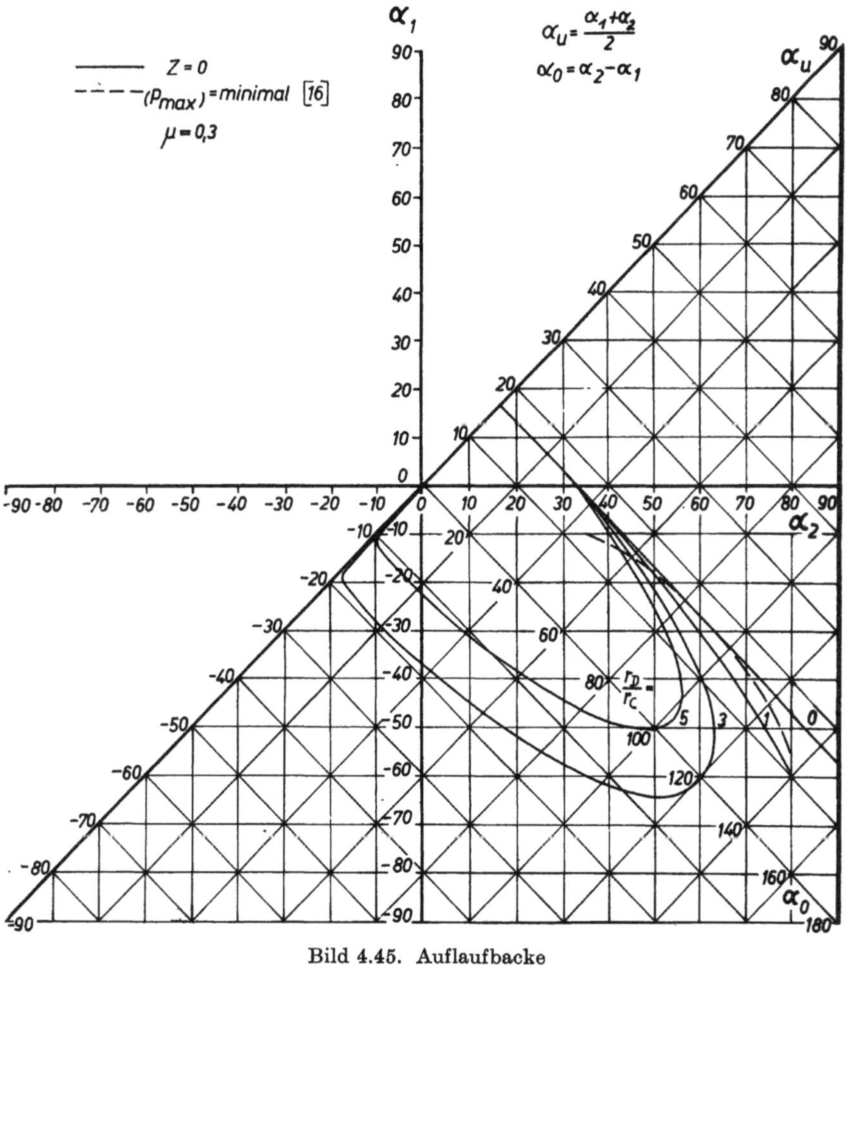

Bild 4.45. Auflaufbacke

liegt ein Bereich vor, in dem die Kurven $Z = 0$ verhältnismäßig dicht beieinander liegen. Allerdings ist in dem Gebiet ein ziemlich kleiner Gesamtumschlingungswinkel anzutreffen.

Außerdem bringt das Diagramm (Bild 4.45) für die Auflaufbacke noch zum Ausdruck, in welchem Bereich der gewählte Gesamtumschlingungswinkel α_0 an der Backe untergebracht werden müßte. Hierbei ist der Vergleich mit der Untersuchung [16] interessant, wo aus den vielfältigen Möglichkeiten der Belaganordnungen versucht wurde, eine möglichst günstige herauszufinden. Neben anderen Bewertungsfaktoren wurde der maximale Druck gesucht, der für verschiedene Belegungen, $\mu = 0{,}3$ und $\frac{U}{S} =$ const die kleinsten Werte annimmt. Diese Kurve ist im Bild 4.45 gestrichelt eingezeichnet. Es ist zu sehen, daß sie den Bereich überschneidet bzw. in diesem liegt, der hier als günstig erscheint, da das Zusatzglied $Z = 0$ ist und damit der rechnerisch ermittelbare Einfluß der Wärmedehnung auf $\frac{U}{S}$ teilweise ausgeschaltet, zumindest aber reduziert werden könnte.

An dieser Stelle soll etwas den später besprochenen Versuchen vorgegriffen werden, die in Form von gehäuften Stopbremsungen durchgeführt wurden. Dabei ergaben sich hauptsächlich $\frac{r_D}{r_C}$-Werte zwischen 0 und 1, und eine Beschneidung der Belagwinkel entstand im

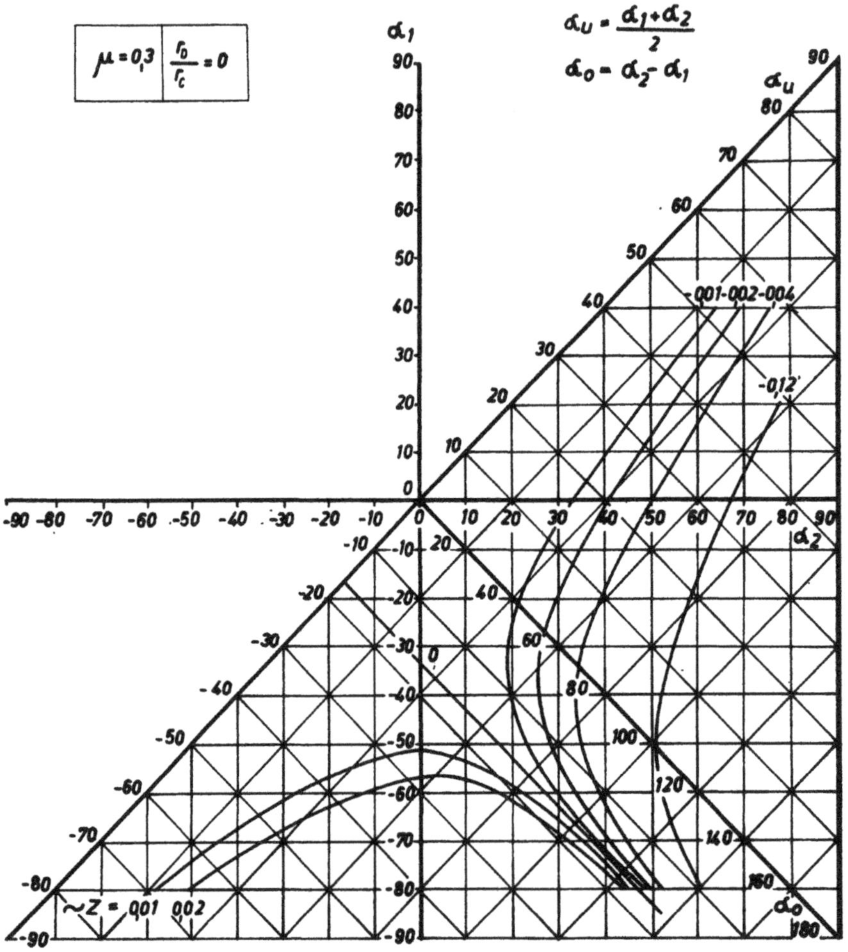

Bild 4.46. Auflaufbacke

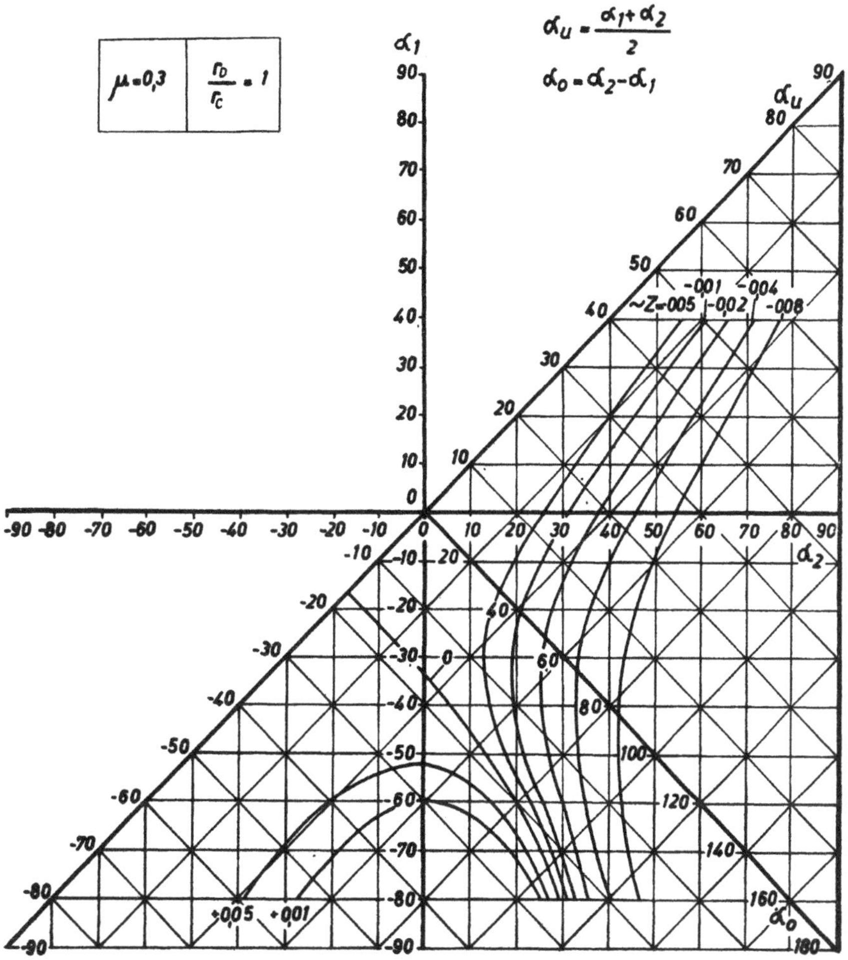

Bild 4.47. Ablaufbacke

wesentlichen auf der α_2-Seite des Belages. Leider liegen bisher zu wenig praktische Temperaturwerte, besonders aus dem Fahrbetrieb, vor, um in dieser Richtung grundlegende Schlußfolgerungen ziehen zu können.

Für die ablaufende Backe sind die Verhältnisse unter den gleichen Bedingungen in den Bildern 4.46—4.410 dargestellt. Für $\mu = 0{,}3$ und $\frac{r_D}{r_C} = 0$ geht aus Gleichung (28c) hervor, daß $Z = 0$ für den entsprechenden negativen Unsymmetriewinkel auftreten muß. Der Verlauf der $Z =$ const-Kurven ist denen der Auflaufbacke sehr ähnlich, was auch für $\frac{r_D}{r_C} = 1$, wenn die Versetzung berücksichtigt wird, gesagt werden kann. Hingegen tritt für die gewählten größeren $\frac{r_D}{r_C}$-Werte eine starke Einschränkung der Belegungsmöglichkeiten für die Bedingungen $Z = 0$ ein. Für $\frac{r_D}{r_C} = 3$ konnten noch einige Schnittpunkte bei sehr kleinen Gesamtumschlingungswinkeln α_0 ermittelt werden. Jedoch bei $\frac{r_D}{r_C} = 5$ war dies nicht mehr möglich, obwohl aus der Form der $Z =$ const-Kurve (Bild 4.49) zu ersehen ist, daß noch im Bereich $\mu = -\tan \alpha_u$ ein Z-Anstieg für konstante α_0-Werte vorliegt.

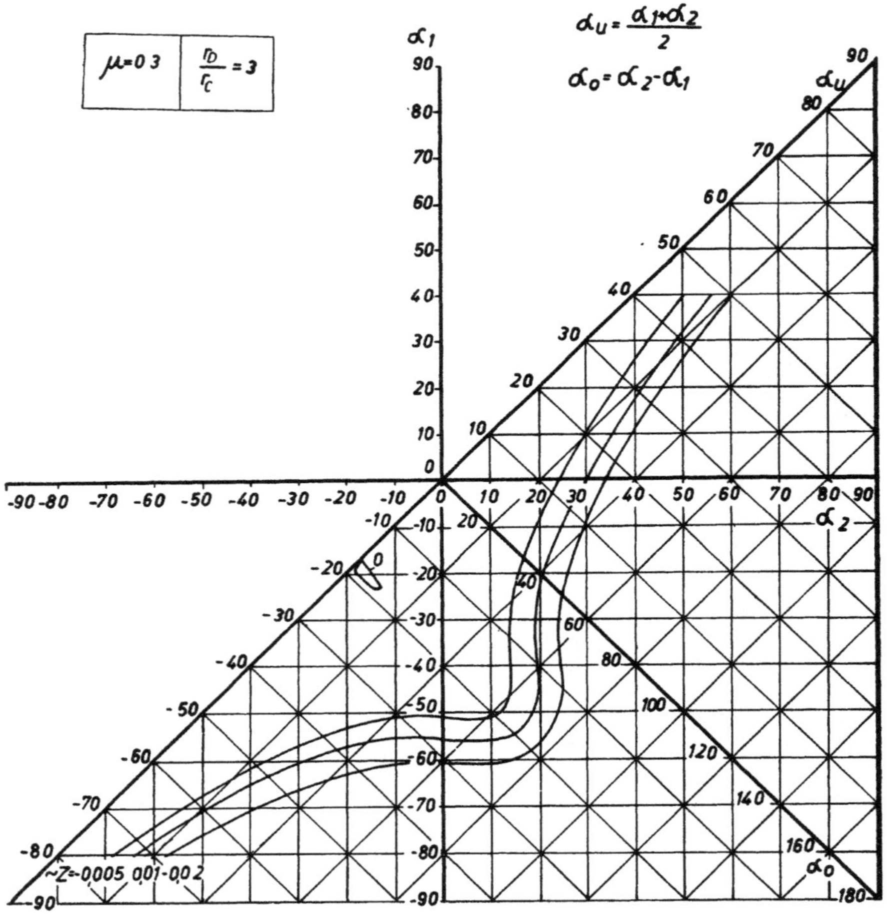

Bild 4.48. Ablaufbacke

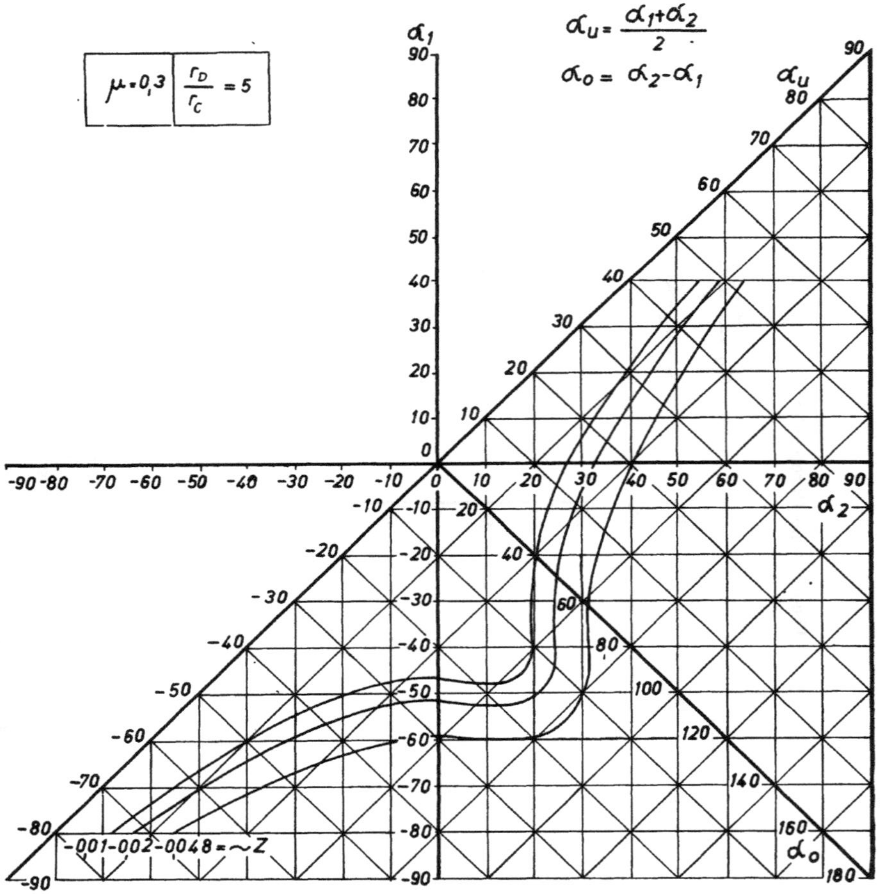

Bild 4.49. Ablaufbacke

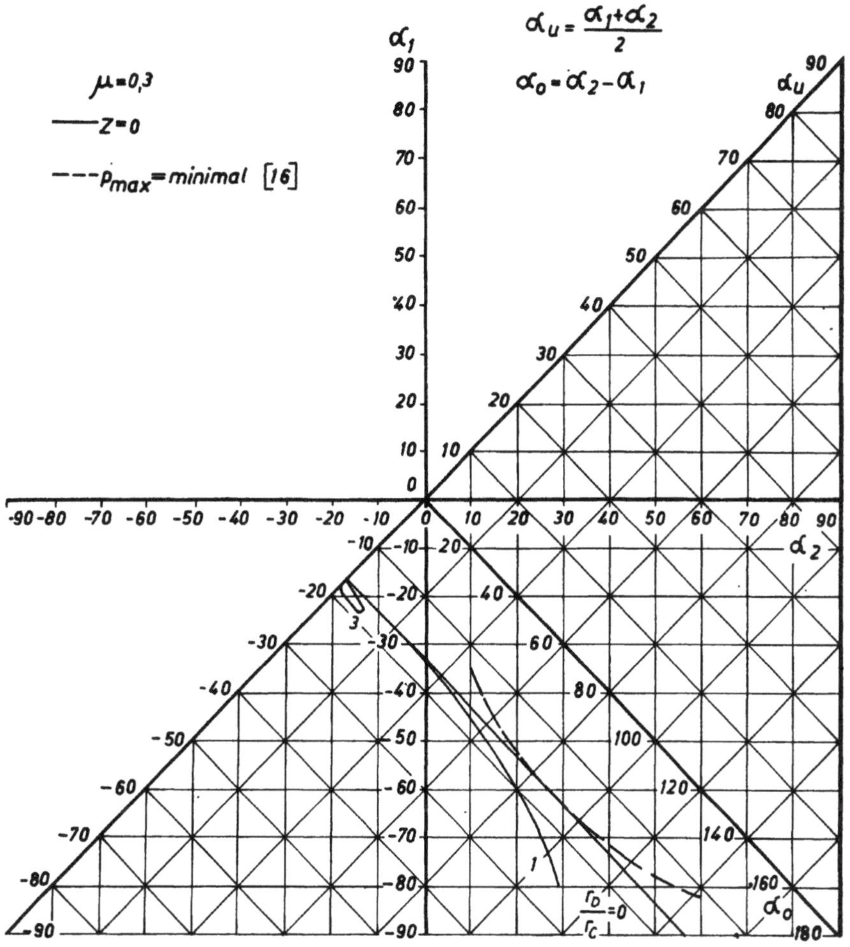

Bild 4.410. Ablaufbacke

Auch durch die Bilder 4.46—4.410 ergeben sich Anhaltspunkte, die eine verhältnismäßig günstige Wahl der Belaganordnung für die Ablaufbacke ermöglichen, wenn die Wärmedehnung berücksichtigt werden soll.

Experimentelle Untersuchungen

5 Versuchsanordnung und -durchführung

5.1 *Bremsenprüfstand*

Im Bild 5.11 ist der Aufbau des Prüfstandes zu erkennen. Mit einem Gleichstrommotor werden über ein Schaltgetriebe die Schwungmassen in Bewegung gesetzt. Auf derselben Welle ist die Trommel der zu untersuchenden Bremse befestigt. Auf dem vorstehenden Wellenstumpf ist ein Joch mit Wälzlagern angebracht, an dem die Bremsankerplatte befestigt ist. Das Joch stützt sich an beiden Enden zur Messung des Bremsmomentes ab. Außerdem sind am Ende des Wellenstumpfes Schleifringe vorhanden, die die Spannung der Thermoelemente der Trommel abgeben. Mit einem Betätigungsgerät wurden annähernd die gleichen eingestellten Spannkräfte erzielt. Dieses Gerät besteht aus einem Hebel, auf dem ein verschiebbares Gewicht angebracht ist, das die Kraft über ein Seil am Pedal erzeugt. Außerdem ist an dem Hebel eine verstellbare Dämpfungseinrichtung angebracht, die zeitlich verschiedene Betätigungsvorgänge ermöglicht. Die im Bild 5.12 gezeigte Trommel wurde jeweils mit einer Backe, die als Auflaufbacke eingebaut war, benutzt. Im Bild 5.13 ist die Aluminium-Backe

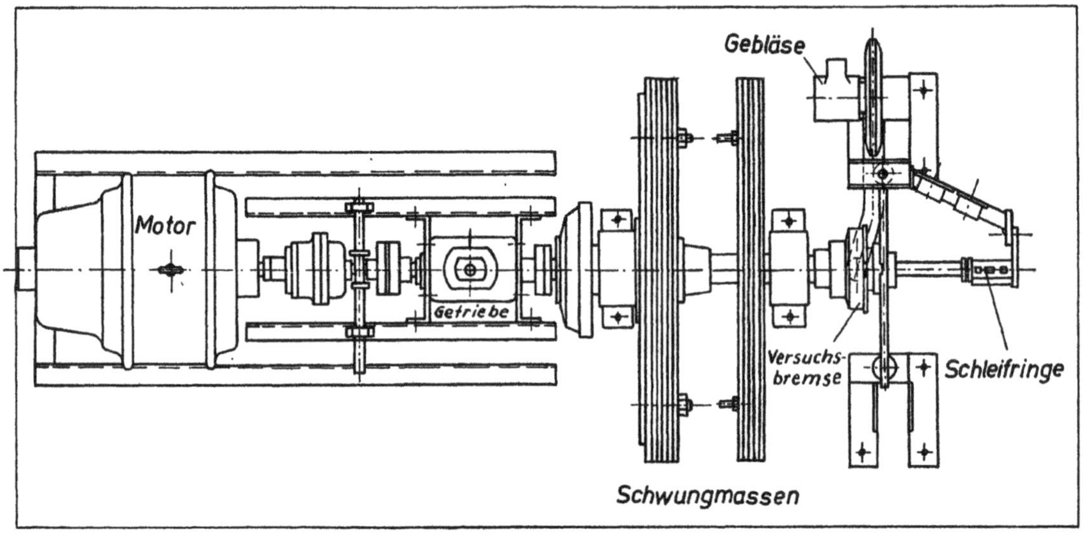

Bild 5.11. Bremsenprüfstand M. 1:20

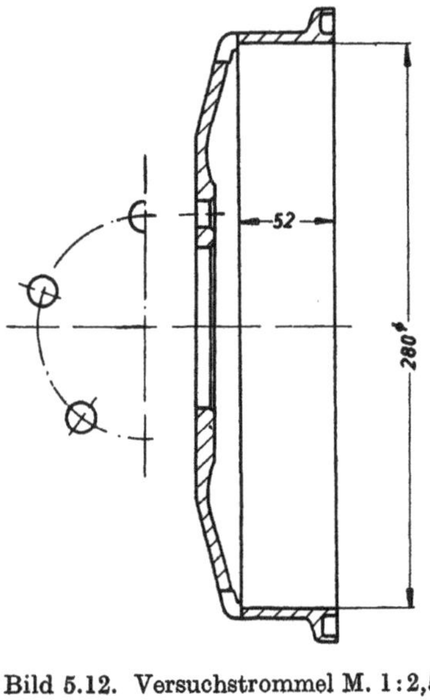

Bild 5.12. Versuchstrommel M. 1:2,5

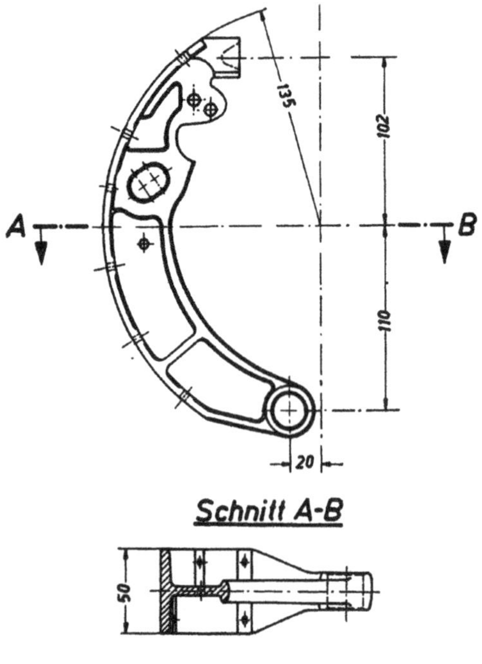

Bild 5.13. Versuchsbacke (Aluminium) M. 1:2,5

und im Bild 5.14 die Stahl-Backe dargestellt. Zur Halterung der Backe ist die Versuchsankerplatte (Bild 5.15) benutzt worden. Die Bremse hatte folgende Abmessungen:

Trommelradius	r	$= 140$ mm,
Belagbreite	b	$= 50$ mm,
Belagstärke	s	$= 5$ mm,
Abstand Spannkraft—Drehpunkt	h	$= 212$ mm,
Abstand Bremsenmitte—Drehpunkt	a_0	$= 111{,}8$ mm,
Belagwinkel	α_1	$= -46{,}7°$,
	α_2	$= 69{,}3°$.

Auf die Backen war ein Kunstharzbelag aufgenietet, bei dem ein E-Modul von $E \approx 7000$ kp/cm² bei Raumtemperatur festgestellt wurde.

Die bei den Versuchen benutzten Massen besaßen ein Trägheitsmoment von $J_{Pr} = 9{,}794$ m kp sec², das größer ist als das der Bremse entsprechende. Um einen auswertbaren Schrieb des Bremsmomentes zu erhalten, mußte die Masse größer angesetzt werden. Dafür kann folgender Vergleich zum Fahrbetrieb herangezogen werden. Die Stopbremsung wird entweder in einem Gefälle oder auch aus einer höheren Geschwindigkeit heraus durchgeführt.

Zur Stopbremsung im Gefälle ergibt sich bei Vernachlässigung der Fahrwiderstände

$$B_R = -m \cdot b + G \sin \alpha .$$

Dabei ist B_R die Bremskraft an allen vier Rädern, m die Masse des Fahrzeugs, G das Gewicht des Fahrzeugs, $-b$ die Verzögerung von α der Gefällewinkel.

Das Bremsmoment ergibt sich zu

$$M = B_R \cdot R = -J_{Pr} \cdot \varepsilon .$$

Hier ist R der Radhalbmesser, J_{Pr} ist das Trägheitsmoment des Prüfstandes und $-\varepsilon$ die Winkelverzögerung. Aus den beiden Gleichungen ergibt sich

$$B_R = -J_{Pr} \frac{\varepsilon}{R} 4 = -m \cdot b + G \sin \alpha .$$

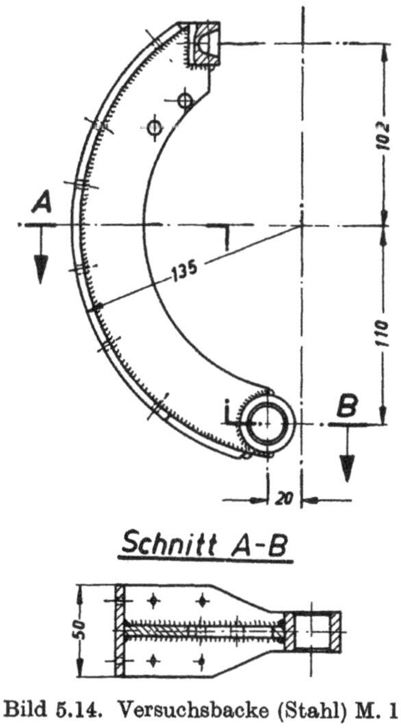

Bild 5.14. Versuchsbacke (Stahl) M. 1:2,5

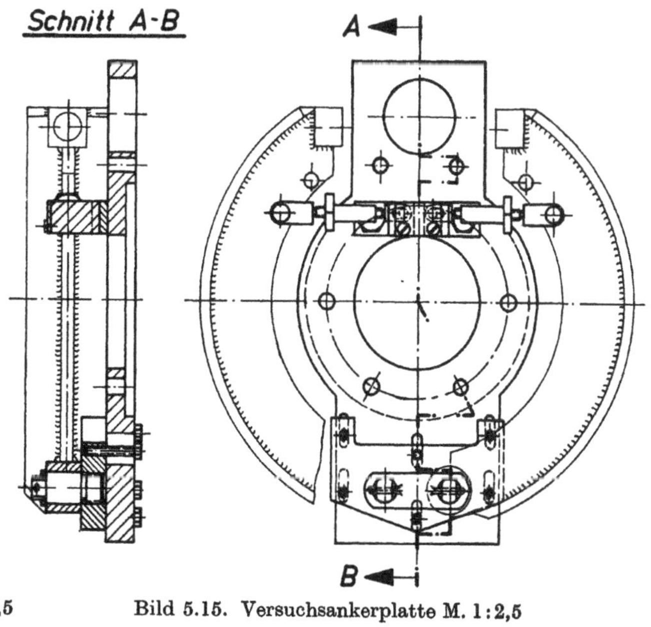

Bild 5.15. Versuchsankerplatte M. 1:2,5

Mit $\varepsilon = \frac{b}{R}$ und $m = \frac{G}{g}$ wird dann das Trägheitsmoment

$$J_{Pr} = -\frac{R^2}{4\,b}\left(-\frac{G}{g}\cdot b + G \sin \alpha\right)$$

$$J_{Pr} = \frac{R^2\,G}{4}\left(\frac{1}{g} - \frac{\sin \alpha}{b}\right).$$

Wird für $-\,b = a \cdot g$ eingeführt, dann ergibt sich

$$J_{Pr} = \frac{R^2\,G}{4\,g}\left(1 + \frac{\sin \alpha}{a}\right).$$

Für einen bestimmten Fall $\left(\frac{G}{4} = 450 \text{ kp und } R = 0{,}349 \text{ m}\right)$ wird dann

$$1 + \frac{\sin \alpha}{a} = 1{,}75\,.$$

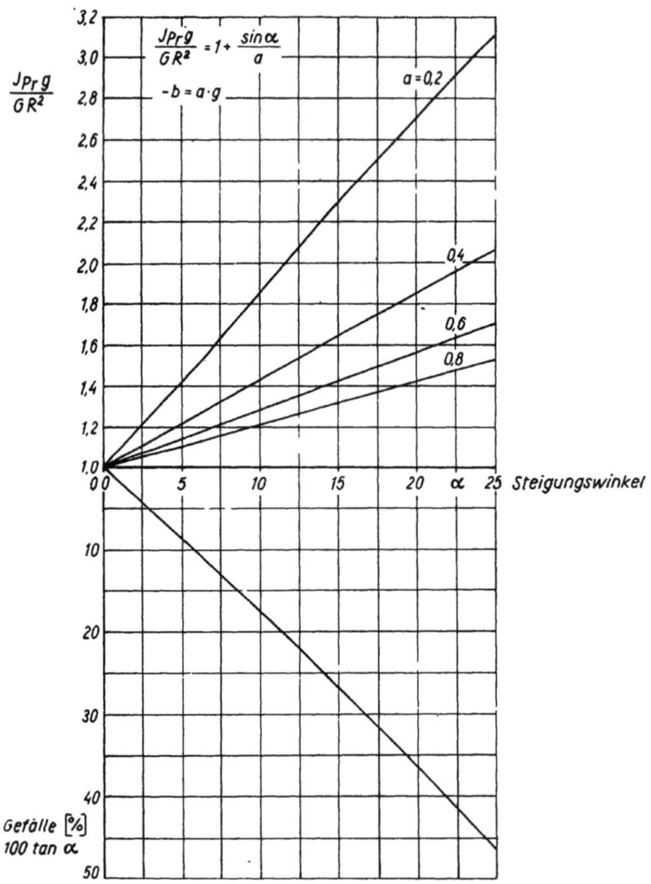

Bild 5.16

Die Versuche wurden aus einer Drehzahl von 300 U/min gefahren, was einer Geschwindigkeit von $V_{Pr} = 39{,}5$ km/h oder umgerechnet für das größere Trägheitsmoment am Prüfstand $V_F = 52{,}2$ km/h entspricht. Die Versuche wurden mit vier Druck- bzw. Spannkraftstufen durchgeführt, dabei ist darauf geachtet worden, daß die Trommeltemperatur 200 °C nicht überschritt, um den darüber auftretenden starken Abfall des Reibbeiwertes zu vermeiden. Es sollte Zweck der Untersuchung sein, die Wärmedehnungseinflüsse der Bremse, nicht aber den bekannten Temperatureinfluß auf die Reibpaarung zu ermitteln.

5.2 *Meßstellen und Meßmethoden beim Bremsversuch*

Wie bei den sonst üblichen Bremsenuntersuchungen sollen das Bremsmoment und die Spannkraft gemessen werden. Das Bremsmoment wird ermittelt, indem sich die Bremsankerplatte über ein Joch beidseitig auf hydraulische Meßdosen abstützt. Die Anschlußleitungen der Meßdosen sind verbunden, wodurch ein hydraulischer Ausgleich ermöglicht wird. Die gemeinsame Leitung führt zu einem schreibenden Manometer. Zur Kontrolle der Spannkraft

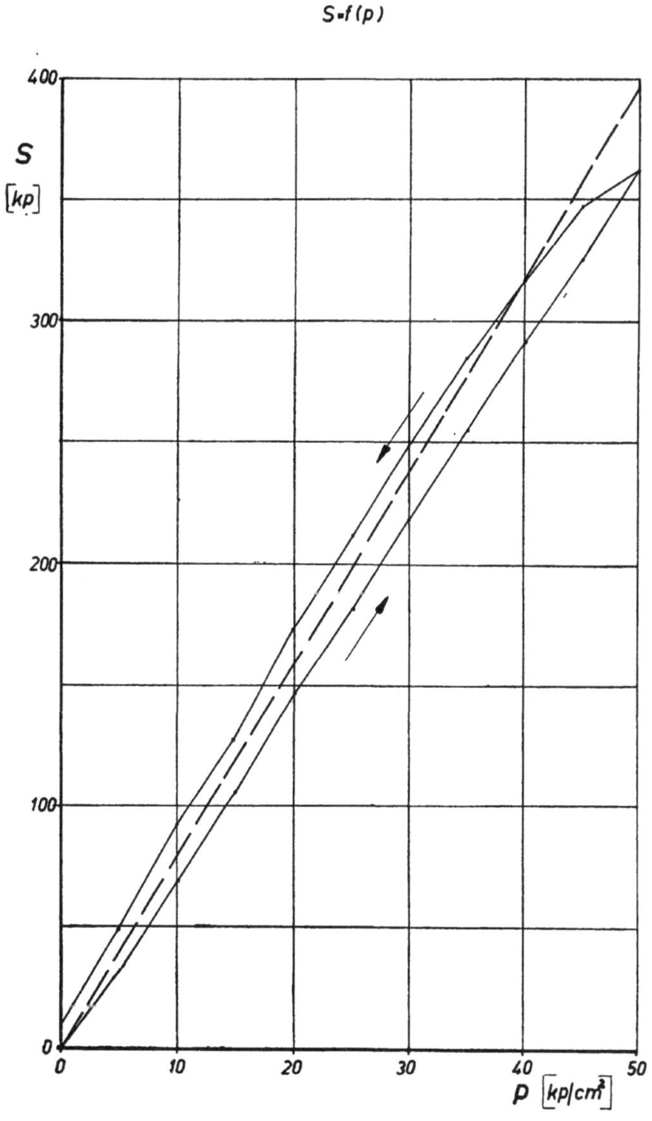

Bild 5.21. Spannkraftmessung mit Manometer

wird an einem zweiten Manometer der Druck im Radzylinder mitgeschrieben. Die Spannkraftmessung wird jedoch mit einem dafür entwickelten Geber gemessen, der mit Dehnmeßstreifen ausgerüstet ist [15].

Das Bild 5.23 zeigt die wichtigsten Stufen der Entwicklungsreihe. Meßglied a) konnte bei einer Verstärkerstufe von $1^0/_{00}$ und der maximalen Belastung von 400 kp voll ausgenutzt werden, die Hysteresis war in dem Fall der geringeren Materialbelastung auch kleiner als bei den beiden anderen Meßgliedern, die mit einer Verstärkerstufe von $2{,}5^0/_{00}$ ausgesteuert werden

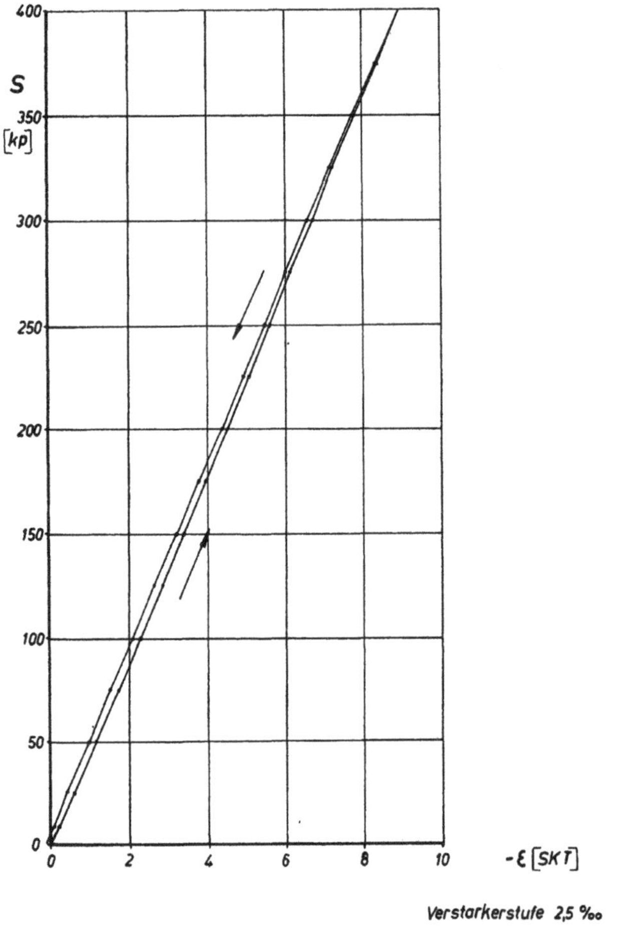

Bild 5.22. Spannkraftmessung mit Dehnmeßglied

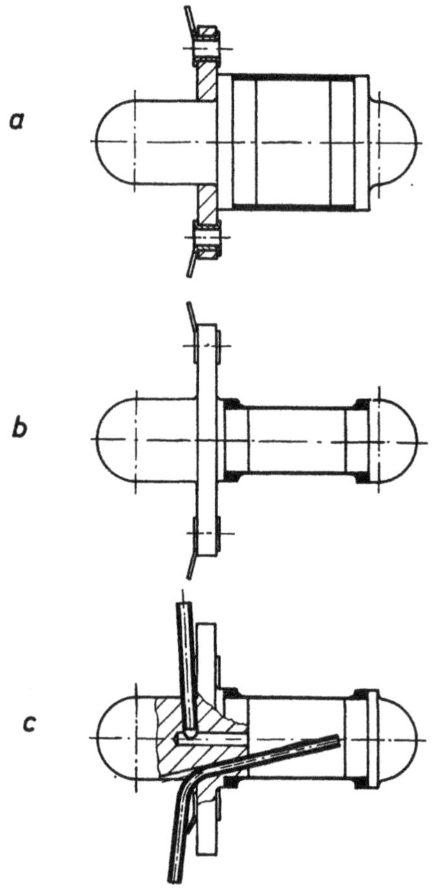

Bild 5.23. Meßglieder zur Spannkraftmessung

konnten. Während die Wärmeeinwanderung bei dem Meßglied a) noch verhältnismäßig große Nullpunktverschiebungen hervorrief, brachten die beiden anderen, der geringeren Verstärkung entsprechend, kleinere Abweichungen. Jedoch konnte erst durch die Benutzung der Kühlung (Meßglied c)) eine Nullpunktkonstanz erreicht werden. Die benötigte Wassermenge war sehr gering, sie betrug etwa 2,6 Liter pro Stunde.

Die voll ausgezogenen Flächen deuten den zu deformierenden Körper an, auf dem die Dehnmeßstreifen aufgeklebt sind. Für das Meßglied a) waren die Anschlußstücke noch aus Stahl angefertigt, und eine aufgeschobene Pertinaxscheibe trug die Lötstellen zwischen Meßleitung und den Enden der Dehnmeßstreifen. Bei den Ausführungen b) und c) wurden die

Anschlußstücke aus gewebeeingelagertem Kunststoff hergestellt und mit dem Hohlzylinder verklebt. Die Meßglieder konnten anstatt der sonst üblichen Druckbolzen nach Beseitigung der Staubkappe benutzt werden.

Wie im Bild 5.21 zu sehen ist, sind die Reibkräfte zwischen Kolben bzw. Manschette und Zylinderwand verhältnismäßig groß. Bei einer Spannkraft $S = 100$ kp muß mit einer Abweichung von $\pm 14\%$ gerechnet werden. Hingegen ergibt sich aus dem Bild 5.22, daß mit dem Spannkraftgeber bei gleicher Belastungsstufe nur mit $\pm 4\%$ Abweichung gerechnet zu werden braucht. Außerdem kann im Bild 5.21 festgestellt werden, daß im oberen Belastungsbereich eine Absenkung der Werte unter die Gerade, die den idealen Kraftanstieg für den zugehörigen Druck anzeigt, auftritt.

Die Temperaturmessung mußte an der Trommel, Backe und Bremsankerplatte durchgeführt werden, wobei Thermoelemente benutzt wurden. Der meßbare Temperaturabfall über der Trommelwandstärke ist verhältnismäßig gering, jedoch ist in axialer Richtung das Temperaturfeld stark nach dem Flansch der Trommel hin abfallend aufgebaut. Um einen brauchbaren Mittelwert zu erhalten, wurde das Thermoelement zur Messung der Trommeltemperatur in die Mittellage zur Reibfläche gesetzt. Die Temperaturunterschiede in einer Ebene senkrecht zur Achse am Umfang der Trommel sind auch klein, so daß eine Meßstelle in der Trommel ausreichte.

Die Temperaturmessung in der Backe erscheint noch etwas schwieriger, da hier, wie schon im Abschnitt 1 dargestellt wurde, die Temperaturen entlang der Backe unterschiedlich sind. Es wurden drei Meßstellen angebracht und aus den Meßwerten das arithmetische Mittel gebildet. Die Temperaturabweichungen innerhalb eines Querschnittes (radialer Schnitt) waren sehr klein. Bei Vorversuchen wurde festgestellt, daß die Temperatur an der Bremsankerplatte in der Nähe der Abstützbolzen radial zunahm. Obwohl diese Temperaturen grundsätzlich klein blieben, wurde auch hier versucht, einen brauchbaren Mittelwert zu messen.

5.3 *Meßmethode zur Ermittlung des Elastizitätsmoduls am Belag*

Die Prüfkörper aus dem Bremsbelagmaterial, das im Versuch mit einem Durchmesser von 20 mm und einer Höhe von 20 mm zur Anwendung kam, wurden in einem Härteprüfgerät belastet. Die Zusammendrückung konnte an drei Meßuhren abgelesen werden, die an einer Vorrichtung jeweils um 120° versetzt um die Achse des Prüfkörpers angeordnet waren. Diese Anordnung war notwendig, da sich trotz paralleler Grundflächen und der Zentrierung im Belastungsgerät keine gleichmäßige Zusammendrückung ergab. Es wurden deshalb drei Meßstellen benutzt und aus den Meßwerten wurde das arithmetische Mittel gebildet.

5.4 *Meßgerät zur Kontrolle des Backenhalbmessers*

Da die Außenfläche der Backe nur einen Zylinderausschnitt darstellt, der kleinere Umschlingungswinkel als 180° aufweist, ist die Bestimmung des Backenhalbmessers nicht so einfach wie bei einem vollen Zylinder oder einem, der einen Umschlingungswinkel von mindestens 180° besitzt. Um die Bestimmung des Backenhalbmessers vornehmen zu können, wurde ein Meßgerät hergestellt, das in einer Prinzipskizze (Bild 5.41) zu sehen ist. Zwei festliegende Meßbolzen mit dem Radius r_0 werden auf die zylindrische Fläche aufgesetzt und die Höhe x wird gemessen [13]. Die Voraussetzungen für diese Meßanordnung sind:

a) Die Meßbolzen sind parallel und vollkommen zylindrisch.

b) Die Achse des Meßstiftes steht senkrecht auf der Ebene, in der die Achsen der Meßbolzen liegen, und halbiert den Abstand dieser Achsen.

c) Der Temperatureinfluß sei ausgeschaltet.

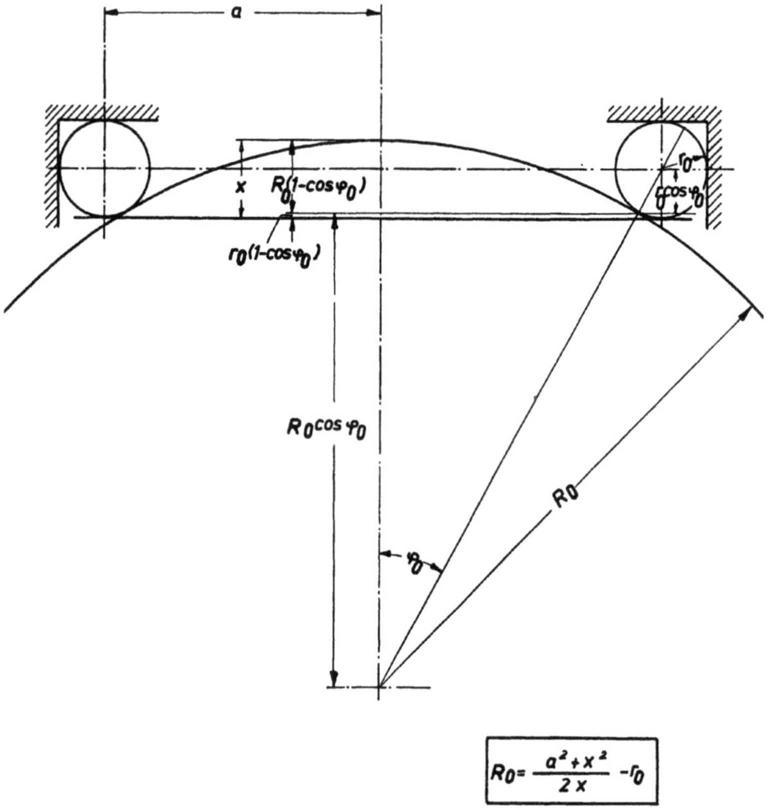

Bild 5.41. Prinzipskizze zum Backenmeßgerät

Aus der Skizze ist abzulesen

$$x = R_0 (1 - \cos \varphi_0) + r_0 (1 - \cos \varphi_0) .$$

Durch Umformung erhält man

$$x = (R_0 + r_0) (1 - \cos \varphi_0)$$

$$\cos^2 \varphi_0 = \left[1 - \frac{x}{R_0 + r_0}\right]^2 .$$

Weiterhin ist

$$\sin \varphi_0 = \frac{a}{R_0 + r_0} .$$

Mit $1 - \sin^2 \varphi_0 = \cos^2 \varphi_0$ wird

$$1 - \left(\frac{a}{R_0 + r_0}\right)^2 = \left(1 - \frac{x}{R_0 + r_0}\right)^2$$

$$1 - \frac{a^2}{(R_0 + r_0)^2} = 1 - \frac{2x}{R_0 + r_0} + \frac{x^2}{(R_0 + r_0)^2}$$

$$-a^2 = -2x(R_0 + r_0) + x^2$$

$$2x(R_0 + r_0) = x^2 + a^2$$

$$R_0 = \frac{x^2 + a^2}{2x} - r_0 .$$

Damit liegt die Gleichung für den Backenhalbmesser fest. a und r_0 sind Gerätekonstanten und der Wert x muß gemessen werden.

Eine kurze Fehlerbetrachtung soll den Einsatzbereich des Gerätes abgrenzen. In das Meßergebnis von R_0 können verschiedene Fehler eingehen [13].

Folgende Fehler sind für den Gesamtfehler von Bedeutung:

a) der Fehler bei der Bestimmung von x,
b) der Fehler bei der Ermittlung von a und
c) der Fehler bei der Festlegung von r_0.

Mit der Definition Fehler = falsch — richtig werden die einzelnen Fehleranteile ermittelt.

a)
$$F_x = \frac{(x + \Delta x)^2 + a^2}{2(x + \Delta x)} - r_0 - \frac{x^2 + a^2}{2x} + r_0$$

$$F_x = \frac{x[(x \pm \Delta x)^2 + a^2] - (x^2 + a^2)(x + \Delta x)}{2x(x \pm \Delta x)} \cdot \frac{(x \mp \Delta x)}{(x \mp \Delta x)}$$

$$F_x = \frac{x(x \mp \Delta x)[(x \pm \Delta x)^2 + a^2] - (x^2 + a^2) \cdot (x^2 - \Delta x^2)}{2x(x^2 - \Delta x^2)}$$

$$F_x = \frac{x(x \pm \Delta x)(x^2 - \Delta x^2) + a^2 x(x \pm \Delta x) - (x^2 + a^2)(x^2 - \Delta x^2)}{2x(x^2 - \Delta x^2)},$$

mit $\Delta x^2 \approx 0$ wird

$$F_x = \frac{x^4 \pm x^3 \Delta x + a^2 x^2 \mp \Delta x\, a^2 x - x^4 - a^2 x^2}{2x^3}$$

$$F_x = \pm \frac{\Delta x}{2} \frac{x^2 - a^2}{x^2} = \pm \frac{\Delta x}{2}\left[1 - \left(\frac{a}{x}\right)^2\right].$$

b)
$$F_a = \frac{x^2 + (a \pm \Delta a)^2}{2x} - r_0 - \frac{x^2 + a^2}{2x} + r_0$$

$$F_a = \frac{x^2 + a^2 \pm 2a \cdot \Delta a - x^2 - a^2}{2x} = \pm \Delta a \frac{a}{x}.$$

c)
$$F_r = \frac{x^2 + a^2}{2x} - (r_0 \pm \Delta r_0) - \frac{x^2 + a^2}{2x} + r_0$$

$$F_r = \mp \Delta r_0 .$$

$\frac{a}{x} = 1$ stellt den Grenzwert dieser Meßanordnung dar, der im Falle der Backenvermessung nicht in Frage kommt. Es muß $\frac{a}{x} > 1$ sein, also wird auch $\left(\frac{a}{x}\right)^2 > 1$ sein.

Um den maximalen Fehler zu finden, muß also bei einer angenommenen Meßungenauigkeit von 0,01 [mm] $\Delta a = -\Delta x = -\Delta r = 0{,}01$ angesetzt werden. Der gesamte Fehler setzt sich dann aus den Einzelfehlern zusammen

$$F_g = F_x + F_a + F_r .$$

Die Einzelfehler und deren Summe für den ungünstigsten Fall sind im Bild 5.42 als Funktion von $\frac{a}{x}$ aufgetragen. Die Verbindung zum Winkel φ_0 wird geschaffen durch

$$a = (R_0 + r_0) \cdot \sin \varphi_0$$

$$R_0 + r_0 = \frac{x}{1 - \cos \varphi_0},$$

damit wird

$$a = \sin \varphi_0 \frac{x}{1 - \cos \varphi_0} = 2 \sin \frac{\varphi_0}{2} \cos \frac{\varphi_0}{2} \frac{x}{2 \sin^2 \frac{\varphi_0}{2}}$$

$$\frac{a}{x} = \cot \frac{\varphi_0}{2}.$$

Diese Kurve ist ebenfalls im Bild 5.42 eingetragen. Es ist sofort für jeden benutzten Winkel φ_0 der zugehörige, maximal zu erwartende Fehler ablesbar.

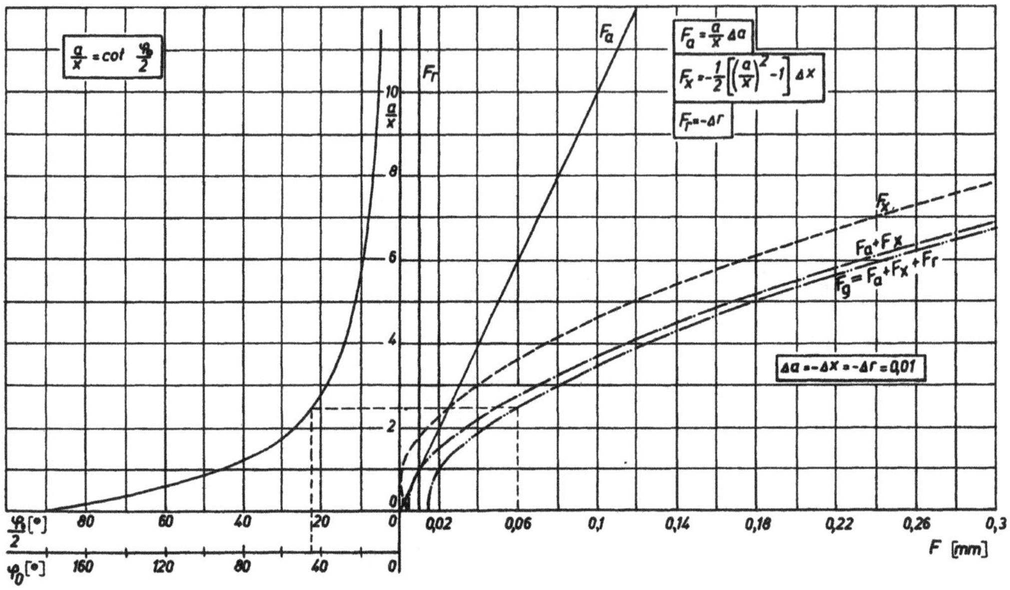

Bild 5.42. Diagramm zur Festlegung der Einsatzgrenzen des Backenmeßgerätes

Der Meßbereich geht theoretisch bis $\varphi_0 = 90°$, wobei für die Backe meist nur etwa 60° zur Verfügung stehen. Mit einem zulässigen Fehler von beispielsweise $F \leqq 0{,}06$ [mm] müßte dann $\varphi_0 \geqq 45°$ sein.

Resultate und Zusammenfassung

6.1 *Versuchsergebnisse und Diskussion*

Die praktischen Versuche sind nur als eine Ergänzung der theoretischen Untersuchungen anzusehen.

Es wurde mit gleicher Belaganordnung und gleicher Belagsorte eine Stahl- und eine Aluminium-Backe auflaufend mit vier verschiedenen Spannkraftstufen je in derselben Trommel gefahren. Die $\left(\frac{U}{S}\right)_M$-Werte sind über dem Temperatureinfluß $\varDelta\vartheta_B - \frac{\alpha_A}{\alpha_B}\,\varDelta\vartheta_A$ aufgetragen (Bild 6.11 und 6.12), der der Größe r_C proportional ist und als günstigster Abszissenwert für die Auftragung erschien. Unter den $\left(\frac{U}{S}\right)_M$-Werten sind die zugehörigen μ-Werte und die $\varDelta\vartheta$-Werte eingezeichnet. Dabei wurde unter μ_ϑ der Reibbeiwert verstanden, der sich bei der

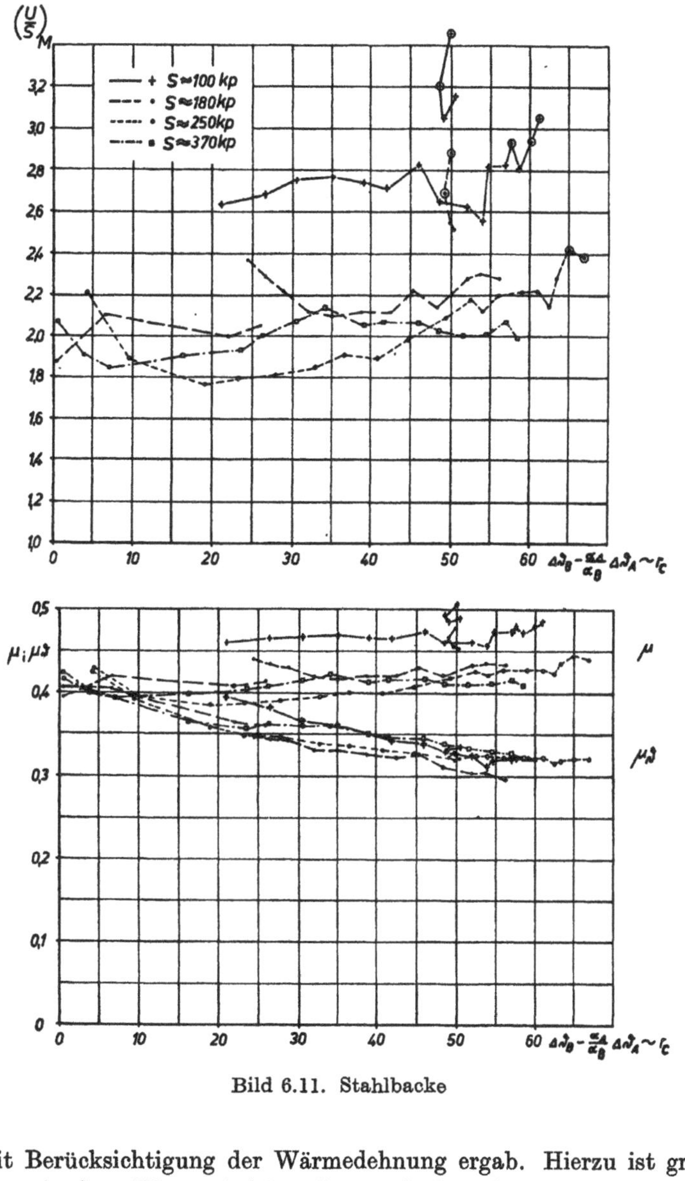

Bild 6.11. Stahlbacke

Auswertung mit Berücksichtigung der Wärmedehnung ergab. Hierzu ist grundsätzlich zu sagen, daß die ermittelten Werte niedriger liegen als die μ-Werte, die sich bei der üblichen Reibbeiwertbestimmung ergeben, jedoch ist die Streubreite kleiner. Für die $\left(\frac{U}{S}\right)_M$-Werte, die mit einem Kreis umgeben sind, ist $\varphi > 90°$, d. h., sie liegen schon außerhalb des Gültigkeitsbereiches der Berechnungsmethode. Der Abfall des Reibbeiwertes μ_ϑ kann darauf zurückgeführt werden, daß der Druck ansteigt, da der Umschlingungswinkel $\alpha_{0\vartheta}$ kleiner wird, ebenso wie die Trommeltemperatur ϑ_T ansteigt. Am Beispiel der Reihe $S \approx 180$ kp für die Stahlbacke ist dies im Bild 6.13 zu sehen. Dabei ist noch darauf hinzuweisen, daß die Kurve für $S \approx 180$ kp bei der Stahlbacke eine Unterbrechung zeigt, die während des Versuches eintrat. Die Trommeltemperatur war abgesunken, wodurch die höheren $\left(\frac{U}{S}\right)_M$-Werte am Anfang des zweiten Kurvenastes entstanden.

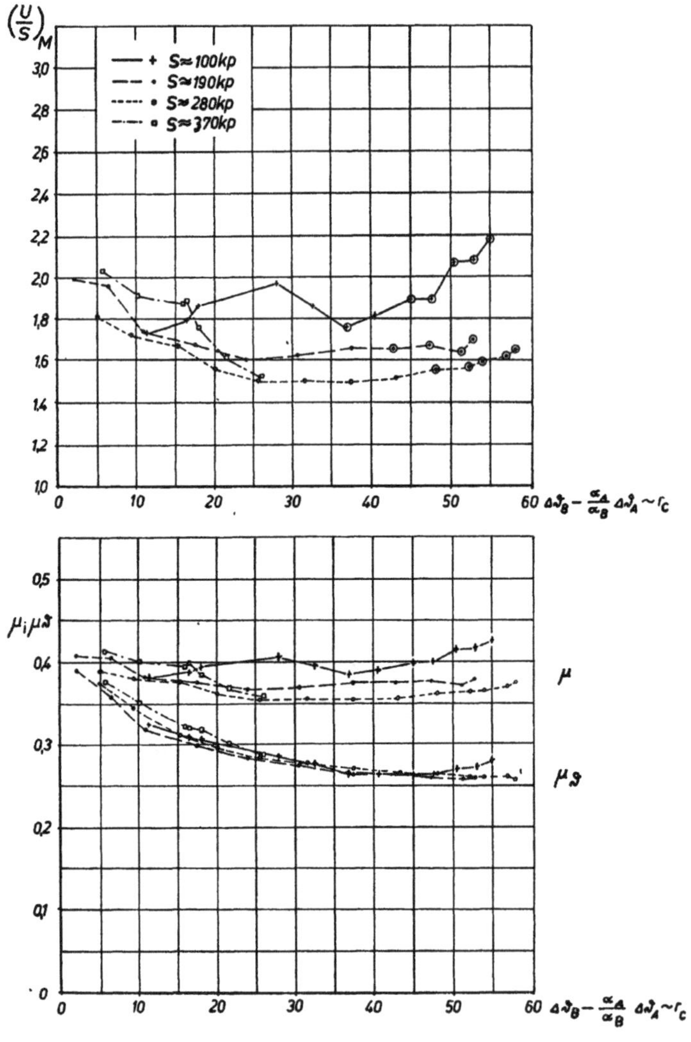

Bild 6.12. Aluminium-Backe

Weiterhin sind die zusätzlich gefahrenen Punkte für $S \approx 100$ kp und $S \approx 180$ kp für die Stahl-Backe, indem mittels Gebläse die Trommel gekühlt wurde und der eben erzielte Effekt eintrat, aufgetragen. Dies entspricht dem Fall, daß im Fahrbetrieb nach Aufheizung der Bremse die Trommel verhältnismäßig gut gekühlt wird und anschließend wieder eine Bremsung nötig ist.

An Hand einer anderen Berechnungsmethode [14], bei der der Druckverlauf entlang der Backe konstant vorausgesetzt wird, soll das Beispiel der Stahlbacke für $S \approx 180$ kp ausge-

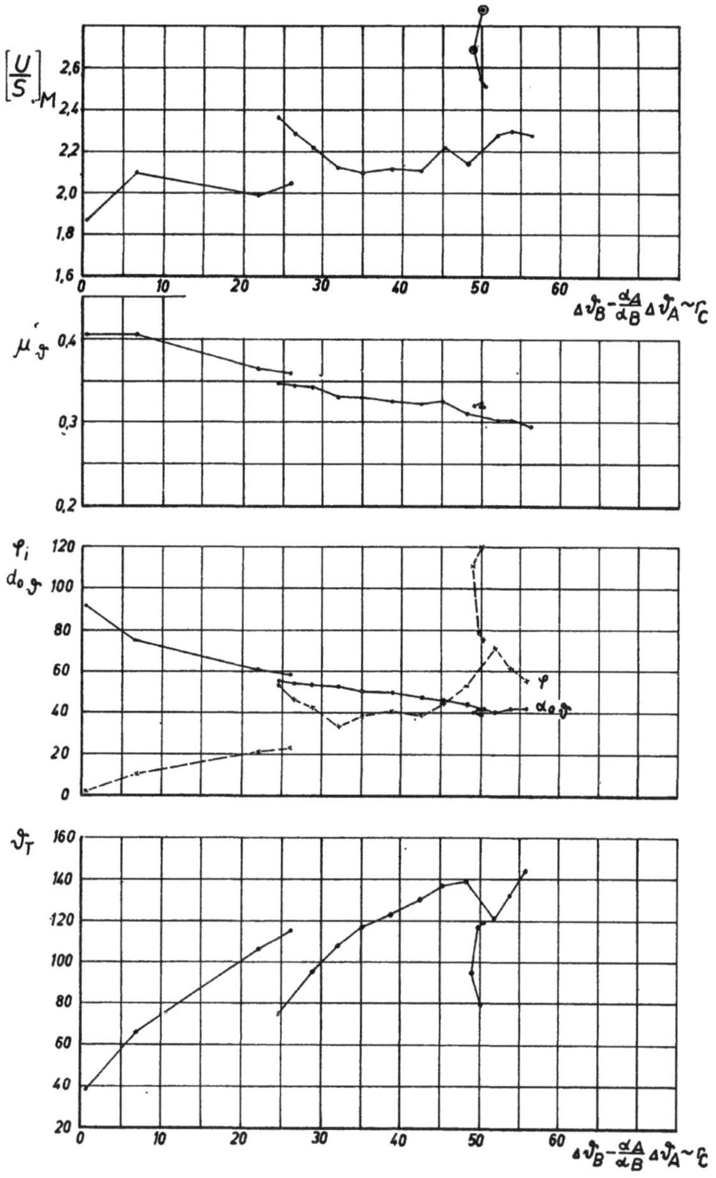

Bild 6.13. Stahlbacke $S \approx 180$ kp

wertet werden. Im Bild 6.14 zeigt sich, daß die ermittelten μ_1-Werte für die untersuchte Bremse dicht unter denen der üblichen Berechnungsmethode liegen. Gleichzeitig ist der Versuch unternommen worden, die Auswertung so durchzuführen, daß eine Beschneidung der konstruktiv vorgesehenen Belagwinkel nicht eintritt. Die dabei entstandenen Reibbeiwerte μ_{ϑ_1} liegen etwas höher als die μ_ϑ-Werte. Beide Reibbeiwerte μ_1 und μ_{ϑ_1} liegen also zwischen den Kurven der üblichen und der Berechnungsmethode, die den Einfluß der Wärmedehnung berücksichtigt. Beide Methoden zielen darauf hin, die Deformation der Trommel und Backe, die durch die Voraussetzungen ausgeschaltet waren, in einem gewissen Maße zu berücksichtigen. Es kann also damit gerechnet werden, daß die tatsächlich auftretenden Reibbeiwerte in dem Bereich zwischen den μ- und den μ_ϑ-Kurven liegen. Hierbei ist allerdings für die Bestimmung der μ_ϑ-Werte ein Umstand zu berücksichtigen, der eine Verzerrung in das Bild bringen kann.

Die Ermittlung des Elastizitätsmoduls für den verwendeten Belag ist bei Raumtemperatur durchgeführt worden. Leider waren weder in der Literatur noch bei dem den Belagherstellenden Betrieb temperaturabhängige E-Modulergebnisse zu finden. Da dies aber eine reine Aufgabe

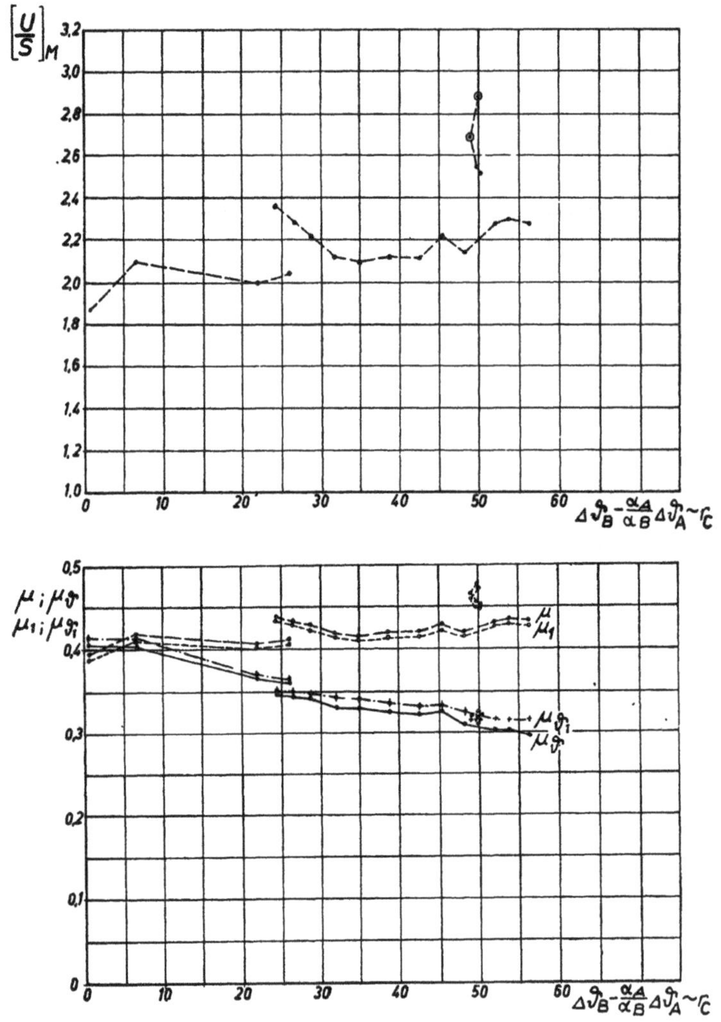

Bild 6.14. Stahlbacke $S \approx 180$ kp

der Werkstoffprüfung ist, wurde im Rahmen dieser Arbeit nicht näher darauf eingegangen. Zur Abschätzung dieses Einflusses wurde jedoch für das schon benutzte Beispiel noch eine zusätzliche Auswertung für einen E-Modul von $E = 3500$ kp/cm², d. h. auch von nur 50% des ermittelten durchgeführt, weil damit gerechnet werden könnte, daß bei höheren Belagtemperaturen ein Abfall des E-Moduls eintritt. Im Bild 6.15 ist das Ergebnis dargestellt. Der Einfluß auf den Reibbeiwert μ_ϑ bleibt verhältnismäßig klein. Interessant dabei ist, daß μ_ϑ für größere r_C-Werte angehoben wird, während im unteren Bereich eine geringe Absenkung eintritt. Es wird notwendig sein, über die Materialkonstante näheren Aufschluß zu bekommen, was für Untersuchungen in der hier aufgezeigten Richtung ebenso von Vorteil sein wird wie für die Scheibenbremsenentwicklung.

Interessant ist eine Betrachtung zur Selbsthemmungsgrenze. Liegt eine Beschneidung der konstruktiv vorgegebenen Belagwinkel in einem bestimmten Betriebsbereich vor, so muß mit der Änderung der Selbsthemmungsgrenze gerechnet werden.

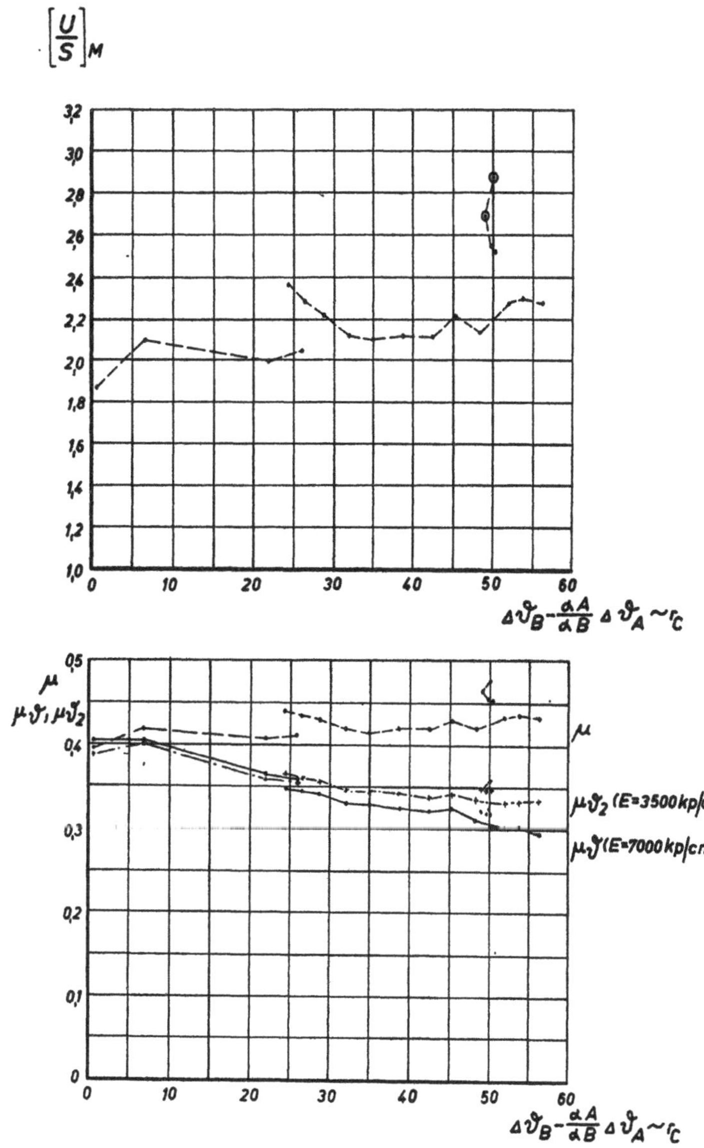

Bild 6.15. Stahlbacke $S \approx 180$ kp

Neben dieser Betrachtung bleibt noch die Frage offen, weshalb die Reibbeiwerte der Versuche, die zur Aluminium-Backe gehören, niedriger liegen als die, die mit der Stahl-Backe gefahren wurden. Zur Erklärung können auch hier die Deformationseinflüsse herangezogen werden, die durch unterschiedliche Steifheit der Backe entstehen, auf die im nächsten Abschnitt an Hand von einigen Nachversuchen kurz eingegangen wird.

6.2 *Nachversuche*

Am Bremsenprüfstand wurden statisch noch einige Deformationsuntersuchungen durchgeführt, wobei nur die Deformation an der Trommel gemessen wurde, die durch die Zuspannung der Backe entstand, d. h., die Deformation durch die Umfangskraft konnte nicht mit berücksichtigt werden. Für eine Spannkraft $S = 250$ kp und einen willkürlich festgelegten

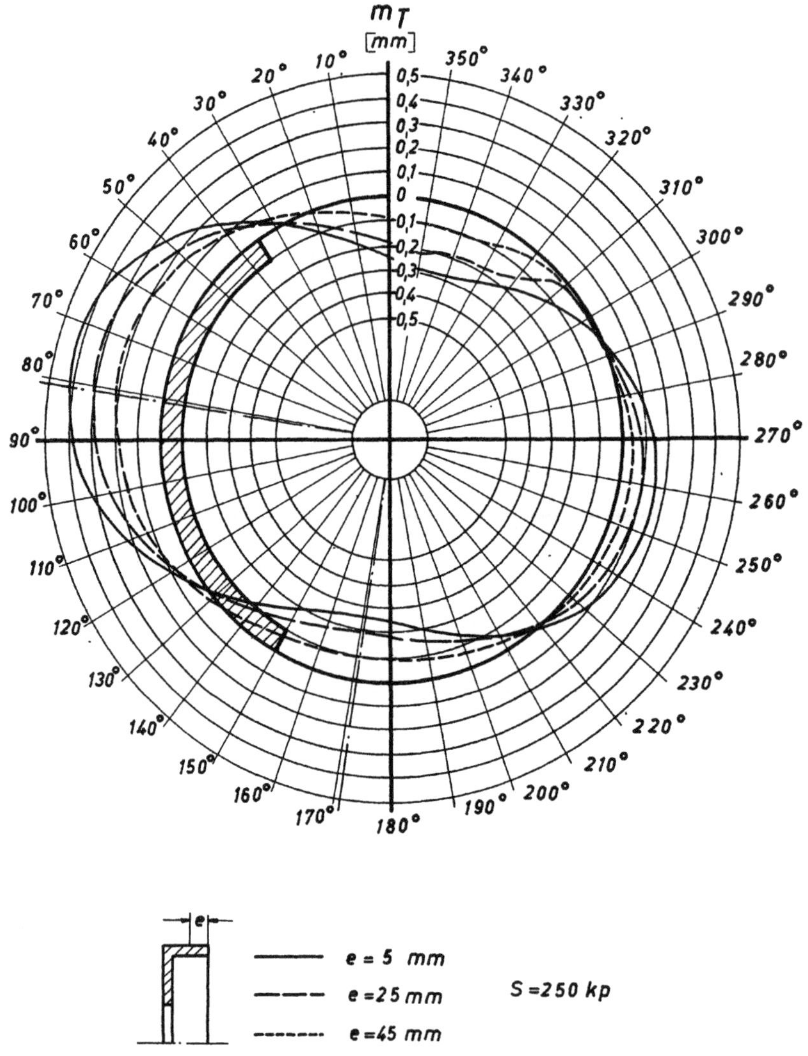

Bild 6.21. Verformung der Trommel bei Benutzung der Stahlbacke

Punkt an der Trommel wurde die Deformation axial an je drei verschiedenen Abständen vom Trommelrand e von 10 zu 10° Trommeldrehwinkel gemessen. Dabei entstanden das Bild 6.21 für die Stahl-Backe und das Bild 6.22 für die Aluminium-Backe. Obwohl jeweils der gleiche Punkt für eine Umdrehung der Trommel benutzt wurde, sind deutliche Unterschiede der Verformung an der Trommel zu erkennen, die auf die Steifheit der Backen zurückzuführen sein dürften. Es ist aber auch weiterhin mit unterschiedlicher Deformation bei der Belastung

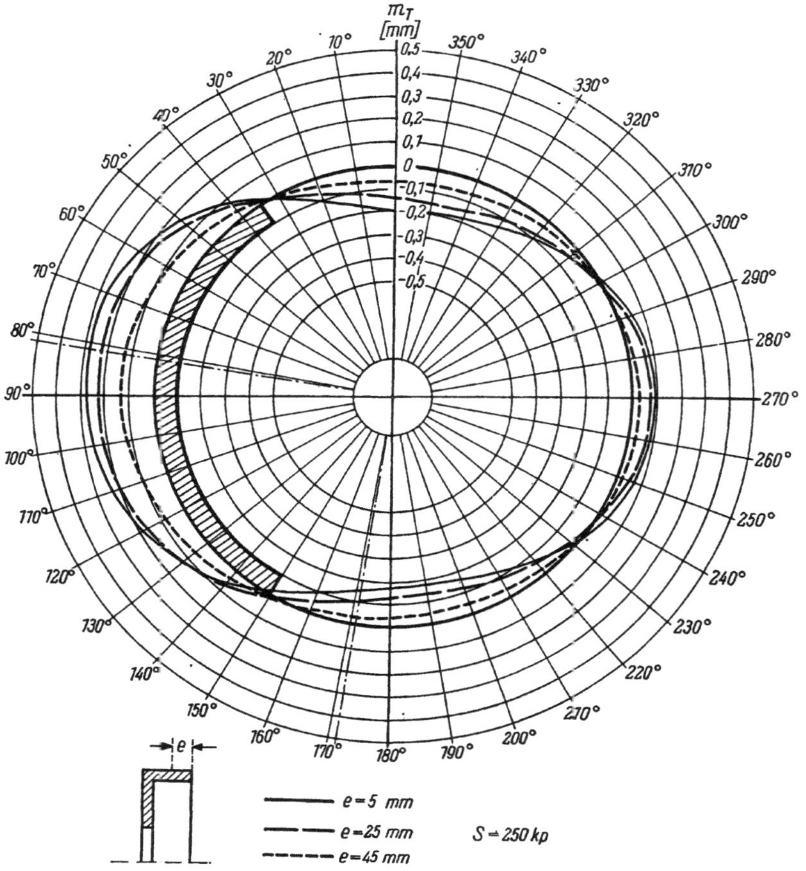

Bild 6.22. Verformung der Trommel bei Benutzung der Aluminiumbacke

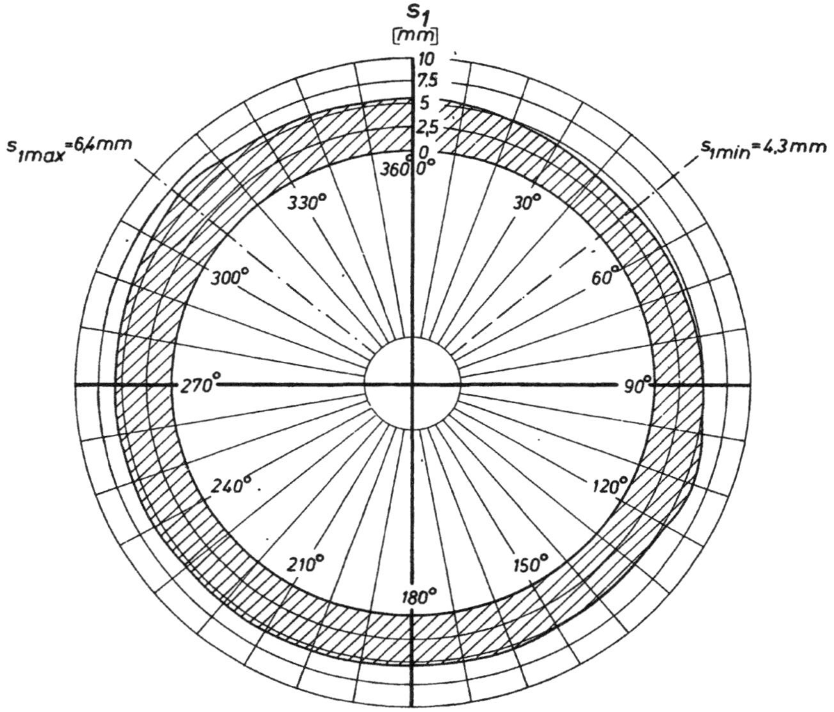

Bild 6.23. Wandstärke der Trommel bei $e = 25$ mm

derselben Backe zu rechnen, wenn ein anderer Punkt am Trommelumfang zur Messung herangezogen wird, da die Trommel keine gleichbleibende Wandstärke (Bild 6.23) besitzt. In dem Bild sind minimal und maximal gemessene Wandstärken für $e = 25$ mm eingezeichnet. Für eine Stahl-Backe wurden bei $S = 250$ kp die Verformung des Trommelpunktes für maximale und minimale Wandstärke von 10 zu 10° und die gewählten Abstände gemessen. Es ist in den Bildefn 6.24 und 6.25 zu sehen, daß sich diese Abweichungen in verhältnismäßig engen Grenzen bewegen. Wird die Verformung der Trommel m_T bezogen auf die maximale

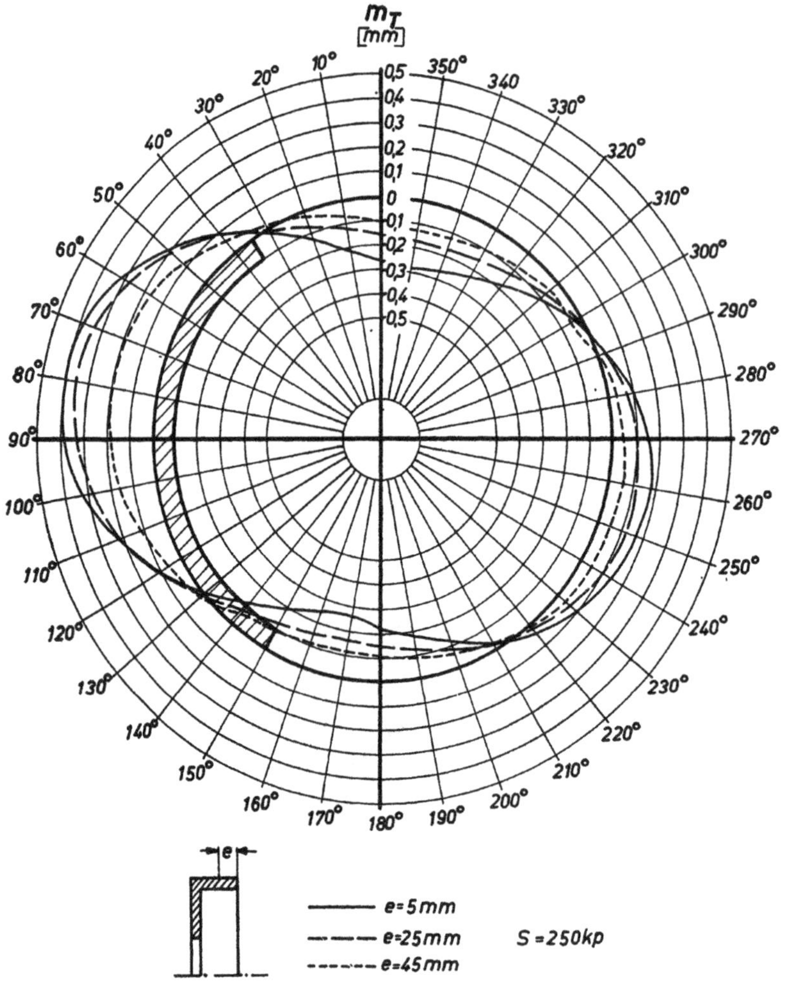

Bild 6.24. Trommelverformung am Punkt minimaler Wandstärke

Verformung $m_{T_{max}}$ über dem Winkel aufgetragen, so erhält man das Bild 6.26. Zum Vergleich ist die cos-Linie mit eingezeichnet. In einem großen Bereich liegen cos-Linie und Verformungskurve der Trommel bei Benutzung der Aluminium-Backe ziemlich nahe. Hingegen verläuft die Deformation der Trommel bei der Belastung mit der Stahl-Backe erheblich steiler.

Es bedeutet, die Deformation mit in die Berechnung einzubeziehen, entweder das Druckgesetz theoretisch oder mittels einer Meßmethode erfassen zu können. Wird der empirische Weg verfolgt, so liegt der Nachteil darin, das Druckgesetz in eine integrierbare Form zu bringen. Daneben steht aber auch noch, daß für jede neue Bremse diese Arbeit neu durchzuführen ist. Es geht die Allgemeingültigkeit verloren.

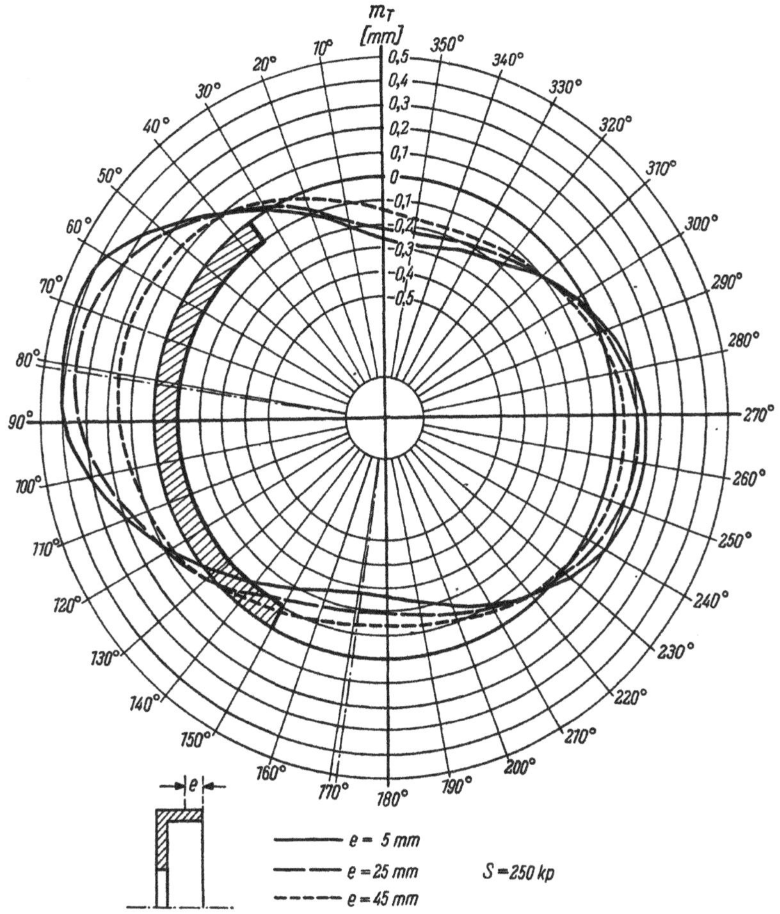

Bild 6.25. Trommelverformung am Punkt maximaler Wandstärke

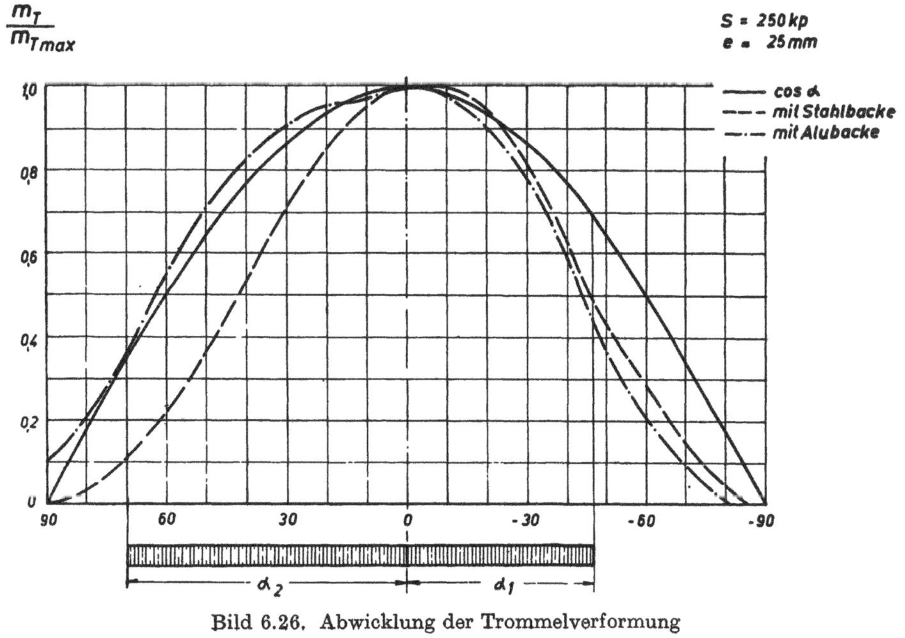

Bild 6.26. Abwicklung der Trommelverformung

Aus den Verformungsuntersuchungen ist auch noch abzuleiten, daß eine gewisse Berechtigung dafür besteht, den Druckverlauf nahezu konstant anzusetzen. Jedoch ist hierzu festzustellen, daß der Trommelbremsenberechnung und -entwicklung keine Richtlinien vermittelt werden können, wenn die Verallgemeinerung dahin geht, daß sich die Deformationen von Trommel und Backe immer so einstellen werden, daß der Druckverlauf nahezu konstant bleibt.

6.3 *Zusammenfassung*

An Hand der zu diesem Thema vorgefundenen Literatur und einiger Vorversuche wurde die Problemstellung der Wärmedehnung der Reibungsbremse mit Innendrehbacken erörtert. Mit der Voraussetzung, daß die zylindrischen Reibflächen erhalten bleiben, wurden die geometrischen Bedingungen, verbunden mit berechtigten Näherungen zur Ableitung eines neuen Druckgesetzes, aufgestellt. Nach der Integration dieses Gesetzes war es möglich, das Verhältnis von Umfangskraft zu Spannkraft zu ermitteln, das dem der üblichen Berechnungsmethoden bis auf ein Zusatzglied gleicht. Der Gültigkeitsbereich und die grundsätzlich verschiedenen Betriebsbereiche wurden geklärt, wonach die Auswertung der Versuche einzurichten ist. Die verschiedenen Einflußgrößen wurden soweit verfolgt, daß ihre Bedeutung zu erkennen ist, und sie bei der Auslegung von Bremsen berücksichtigt werden können.

Die Versuchseinrichtungen wurden beschrieben.

Aus der Diskussion über die Versuchsergebnisse und die Nachversuche entstanden neue Probleme, deren Untersuchung der Reibungsbremse nützen wird, die jedoch über den Rahmen dieses Themas hinausgehen.

Literatur

[1] STRIEN, H., Berechnung und Prüfung von Fahrzeugreibungsbremsen. Dissertation TH. Braunschweig 1949.

[2] KOESSLER, P., Berechnung von Innenbacken-Bremsen für Kraftfahrzeuge. Vorabdruck: Taschenbuch für den Auto-Ingenieur. Stuttgart 1957.

[3] MERTZ, R., Graphische Bremsuntersuchungen. ATZ (1939) S. 303/306; ATZ (1941) S. 557/559.

[4] ACRES, F. A. S., Some problems in the design of braking systems. The Inst. of Autom. Eng. Proc. Volume XII, Session 1946—47, S. 19/49.

[5] KROEGER, R. O., Graphical method for shoe brake design. Product Engng. (1956) Nr. 3, S. 143/147.

[6] DIETZ, H., Die Berechnung von Backenbremsen. VDI-Z. (1937) S. 1437/1442.

[7] STRIEN, H., Scheibenbremsen—Trommelbremsen. ATZ (1959) H. 9, S. 276/279.

[8] KOVACZ, A., Considérations Theoriques sur la Mécanique des Freins. Journal de la S.I.A. (1951) Mai, S. 103/108.

[9] ROBINSON, J. G., Brake Design Considerations. Autom. Eng. (1959) Sept., S. 340/348.

[10] FLEMMING, R., B P PS 933 433 1955 (BMW), Klasse 63c Gruppe 51/02.

[11] SASS, F. und BOUCHÉ, CH., Dubbels Taschenbuch für den Maschinenbau. S. 563/564.

[12] VEB Cosid-Werke, Coswig. 1. Katalog für Motorroller, Mopeds und Motorräder. 2. Katalog für Personenkraftwagen.

[13] BERNDT, G., Bestimmung des Krümmungshalbmessers von Kugel(fläche)n mittels Sphärometers. Wissenschaftl. Zeitschrift der TH Dresden (1958/59) S. 801/828, S. 1001/1011; (1959/60) S. 77/92.

[14] TSCHUDAKOW, E. A., Konstruktion und Berechnung des Kraftwagens. Fachbuchverlag, Leipzig 1957.

[15] FINK, K. und ROHRBACH, CH., Handbuch der Spannungs- und Dehnungsmessung. VDI-Verlag, Düsseldorf 1958.

[16] JANTE, A. und JAHN, M., Bremsen-Berechnung. Kraftfahrzeugtechnik (1961) H. 3, S. 92/95; H. 4, S. 144/148; H. 5, S. 186/191.

Formelzeichen

E	kp/cm²	=	Elastizitätsmodul des Belages
N	kp	=	Normalkraft
R	kp	=	Reibkraft
S	kp	=	Spannkraft an der Backe
U	kp	=	Umfangskraft an der Backe bzw. Trommel
a_0	mm	=	Abstand Drehpunkt—Trommelmitte
b	mm	=	Belagbreite
h	mm	=	Senkrechter Abstand von der Spannkraft bis zum Backendrehpunkt
m	mm	=	Zusammendrückung des Belages auf der Achse des maximalen Druckes
m_{x1}	mm	=	Mittelpunktkoordinaten bei Wärmedehnung von Trommel und Backe
m_{y1}	mm		
m_{x2}	mm	=	Mittelpunktkoordinaten des Backenkreises bei Wärmedehnung von Trommel, Backe und Bremsankerplatte
m_{y2}	mm		

m_{x3} m_{y3}	mm mm	= Mittelpunktkoordinaten des Backenkreises bei Wärmedehnung und zugespannter Backe
n_e	mm	= Zusammendrückung des Belages an einer beliebigen Stelle (exakt bestimmt)
n_n; n	mm	= Zusammendrückung des Belages an einer beliebigen Stelle (näherungsweise bestimmt)
p	kp/cm²	= Druck, Belagpressung
r	mm	= Ausgangsradius (Außenradius Belag = Innenradius Trommel)
r_T	mm	= Trommelradius unter Wärmedehnungseinfluß
r_B	mm	= Backenradius unter Wärmedehnungseinfluß
r_D	mm	= Radiendifferenz $r_T - r_B$
r_E	mm	= Schwenkradius des Backenzentrums um den Drehpunkt der Backe
r_A	mm	= Abstand von Trommelmitte zum Drehpunkt unter Einfluß der Wärmedehnung an der Bremsankerplatte
r_C	mm	= Differenz der Längenänderung des Abstandes Drehpunkt—Backenzentrum an der Backe und Drehpunkt—Trommelmitte an der Bremsankerplatte unter jeweiligem Wärmedehnungseinfluß
r_{Be}	mm	= Eigentlicher Backenradius (ohne Belag)
r_{Bi}	mm	= Radius aus Backe plus Belag
s	mm	= Belagstärke
Z		= Zusatzfaktor
Δa_0	mm	= Längenänderung des Abstandes Drehpunkt—Backenzentrum bei Wärmedehnung an der Backe
Δa_{01}	mm	= Längenänderung des Abstandes Drehpunkt—Trommelmitte bei Wärmedehnung an der Bremsankerplatte
Δr_T	mm	= Radienänderung bei Wärmedehnung an der Trommel
Δr_B	mm	= Radienänderung bei Wärmedehnung an der Backe
Δr_A	mm	= Abstandsänderung bei Wärmedehnung an der Bremsankerplatte
Δr_{Be}	mm	= Radienänderung bei Wärmedehnung an der Backe ohne Belag
Δs	mm	= Änderung der Belagstärke durch Wärmedehnung
$\Delta \vartheta_A$	°C	= Temperaturdifferenz zum Ausgangszustand an der Bremsankerplatte
$\Delta \vartheta_B$	°C	= Temperaturdifferenz zum Ausgangszustand an der Backe
$\Delta \vartheta_T$	°C	= Temperaturdifferenz zum Ausgangszustand an der Trommel
$\Delta \vartheta_s$	°C	= Temperaturdifferenz zum Ausgangszustand des Belages
α	°	= Winkel am Belag
α_A	$\frac{\text{m}}{\text{m grd}}$	= Wärmeausdehnungskoeffizient des Bremsankerplattenmaterials
α_B	$\frac{\text{m}}{\text{m grd}}$	= Wärmeausdehnungskoeffizient des Backenmaterials
α_s	$\frac{\text{m}}{\text{m grd}}$	= Wärmeausdehnungskoeffizient des Belagmaterials
α_T	$\frac{\text{m}}{\text{m grd}}$	= Wärmeausdehnungskoeffizient des Trommelmaterials
α_1	°	= Belagwinkel
α_2	°	= Belagwinkel
ε_1	°	= Der Winkel, unter dem der Belagkreisbogen den Trommelkreisbogen berührt, wobei Trommel- und Backentemperatur berücksichtigt werden
ε_2	°	= Wie ε_1 mit zusätzlich berücksichtigter Erwärmung der Bremsankerplatte
μ		= Reibbeiwert

τ_1 ° = Der Winkel, der zwischen y-Achse und der Verbindungsgeraden liegt, die durch Drehpunkt und Backenzentrum läuft; hierbei sind Trommel- und Backendehnung berücksichtigt

τ_2 ° = Wie τ_1 mit zusätzlicher Berücksichtigung der Ankerplattendehnung

τ_3 ° = Wie τ_2 mit zusätzlicher Backenzuspannung

$\varphi; \varphi_n$ ° = Näherungsweise bestimmter Winkel zwischen x-Achse und Achse des maximalen Druckes bei Wärmedehnung

φ_e ° = Exakt bestimmter Winkel zwischen x-Achse und Achse des maximalen Druckes bei Wärmedehnung

Definitionen

$$r_T = r + \Delta r_T$$
$$r_B = r + \Delta r_B$$
$$r_D = r_T - r_B = \Delta r_T - \Delta r_B = r\,(\alpha_T\,\Delta\vartheta_T - \alpha_B\,\Delta\vartheta_B)$$
$$r_E = a_0 + \Delta a_0 = a_0\,(1 + \alpha_B\,\Delta\vartheta_B)$$
$$r_A = a_0 + \Delta a_{01} = a_0\,(1 + \alpha_A\,\Delta\vartheta_A)$$
$$r_C = \Delta a_0 - \Delta a_{01} = r_E - r_A = a_0\,(\alpha_B\,\Delta\vartheta_B - \alpha_A\,\Delta\vartheta_A)$$
$$\Delta r_T = r\,\alpha_T\,\Delta\vartheta_T$$
$$\Delta r_B = r\,\alpha_B\,\Delta\vartheta_B$$
$$\Delta r_A = r\,\alpha_A\,\Delta\vartheta_A$$
$$\Delta a_0 = \frac{a_0}{r}\,\Delta r_B = a_0\,\alpha_B\,\Delta\vartheta_B$$
$$\Delta a_{01} = \frac{a_0}{r}\,\Delta r_A = a_0\,\alpha_A\,\Delta\vartheta_A$$
$$f_1(\alpha_{1,2}) = \frac{\sin 2\alpha_2 - \sin 2\alpha_1 + 2\,(\alpha_2 - \alpha_1)}{4\,(\sin\alpha_2 - \sin\alpha_1)}$$
$$f_2(\alpha_{1,2}) = \frac{-(\sin 2\alpha_2 - \sin 2\alpha_1) + 2\,(\alpha_2 - \alpha_1)}{4\,(\sin\alpha_2 - \sin\alpha_1)}$$
$$f_3(\alpha_{1,2}) = \frac{\cos\alpha_2 - \cos\alpha_1}{\sin\alpha_2 - \sin\alpha_1}$$
$$f_4(\alpha_{1,2}) = \frac{\alpha_2 - \alpha_1}{\sin\alpha_2 - \sin\alpha_1}$$
$$F_1 = \sin\alpha_2 - \sin\alpha_1$$
$$F_2 = f_2(\alpha_{1,2}) + f_3(\alpha_{1,2})\,\frac{\sin\alpha_1 + \sin\alpha_2}{2}$$
$$F_3 = f_3(\alpha_{1,2}) + f_4(\alpha_{1,2})\,\frac{\sin\alpha_1 + \sin\alpha_2}{2}$$
$$E_1 = f_1(\alpha_{1,2})\,f_3(\alpha_{1,2}) + \frac{\sin\alpha_1 + \sin\alpha_2}{2}$$
$$E_2 = 1 - f_1(\alpha_{1,2})\,f_4(\alpha_{1,2})$$
$$K = \frac{E\,b\,r}{s}$$

Bei Fragen zur Produktsicherheit wenden Sie sich bitte an:
If you have any questions regarding product safety,
please contact:

Walter de Gruyter GmbH
Genthiner Straße 13
10785 Berlin
productsafety@degruyterbrill.com